RM理論
万人にわかる万物理論

松田 力哉

目　次

はじめに

この本を手にとって、読んでみようかやめようかと迷っているあなたは、物理理論に興味を持っている人にちがいない。そして、以前にもわかりやすそうに書かれた本を読んでみたけれど、見事に期待を裏切られたという経験を持っている人ではないかと推察される。私もそうした経験を持つ者のひとりとして、その気持ちがよくわかるのだ。一般人向けに書かれた物理理論に関する本はたくさんあるが、最低10冊以上は読み込まないと内容を理解したと思えるレベルには到達できないだろう。そして、ある程度理解できてくると疑問点が次々と見えてくるようになる。私は物理学の専門家ではないが、もともと物理は好きで得意科目でもあったため、宇宙の神秘について興味を持っていた。1980年代後半、専門である医学の博士論文を書くための研究をしていた頃から、物理理論に関する一般人向けの本を読むようになっていたのであるが、その当時私が感じたことは、読めば読むほど複雑でわかりにくくなる物理理論に対するモヤモヤ感である。

どうしてもっとわかりやすく説明できないのか？

どうしてもっと単純でわかりやすい理論が組み立てられないのか？

私の理解力の無さもあったのかもしれないが、合理的とはいえない理論を受け付けようとしない私の脳は、その頃すでに光の粒子に関する独自のイメージを思いついていた。光については、誰もが身近なものとしてその存在を確認できるものであり、古くから物理学の対象として研究が行なわれ、多くの知見が積み重ねられている。現代物理理論では、光は電磁波の一種であり、波と粒子の両方の性質を持つとされる。しかし、その本質については十分に理解されていないのが現状である。

私は、光の本質を理解することが宇宙の神秘を解き明かす鍵になり、さらには万物理論の基礎になると考え、RM理論の構築を行なった。RM

理論は、私のオリジナルの万物理論であり、ひも理論の進化形であるM理論とは一切関係がない。RMは本来、私のイニシャル（Rikiya Matsuda）に由来するが、Rにはradical（根本的な）、rational（合理的な）など、またMにはmysterious（神秘的な）、miraculous（奇跡的な）などの意味も含まれている。RM理論は、その原理が現代物理理論に比べて単純でわかりやすく、万人に理解できる万物理論であると確信している。しかし、RM理論の意義や、なぜその着想に至ったのかについて理解するには、複雑で難解な現代物理理論を理解する必要がある。しかも、現代物理理論といっても、万物理論を理解するには広い範囲の物理理論を理解していることが必要なのだ。私にとって、私自身が納得していない理論を説明することは至難の業である。そんな私の説明で、現代物理理論やRM理論について理解してもらえるかどうかは今の時点ではわからないが、読者のみなさんの期待を裏切らないように努力するつもりである。とにかく、理解できない部分は読み飛ばしてでも最後まで読み通してほしい。そうすれば、今まで誰も教えてくれなかった宇宙の神秘を解き明かす理論を理解することができるだろう。

本書の構成については目次を参照していただきたい。第1部では、現代物理理論の世界を10章に分けて紹介している。現代物理理論についてかなりの範囲をカバーしているつもりであるが、各章の内容はそれぞれのテーマで本が書かれているほど範囲が広く内容も深い。そのため、簡潔に要点を列挙してあるだけで、一般の書と比べると余談や詳しい説明が少ないかもしれないが、本書の趣旨を理解してご容赦願いたい。各分野をもっと詳しく知りたい方は、巻末の参考文献を含め多くの本が出版されているので参考にしていただきたい。本書において、第1部：現代物理理論の世界については、できるだけ私の考えを入れない現代物理理論の考え方をまとめるように努めた。ただし、本を選んだのも内容を選んだのも私なので、そこには私の眼を通した現代物理理論の世界が描かれているかもしれない。この点に関しても、私としてはRM理論を理解してもらうために必要な事項を優先させていただいたということでご容赦願いたい。全体像がわかりやすいように、ダイジェスト版のように簡潔にまとめたつもりであるが、広範囲の現代物理理論の世界を予備知識のない一般の人が理解し、宇宙の神秘について私とともに考えてもらうのは難しいことかもしれない。そのため各章ごとに著者の見解として、その理論に関する私の考えを述べさせていただいた。RM理論に至る思考の道筋が少しは理解していただけるのではないかと考えている。

本書の第2部では、いよいよRM理論の世界を紹介する。ここでもう一度現代物理理論の疑問点、問題点を整理し、私の考えを述べつつRM理論による解釈を紹介している。RM理論は、光電磁波理論、時間空間理論、素粒子論、力の統合理論、宇宙論を同じ原理のもとで説明する万物理論である。最後まで読み進むことができれば、宇宙の謎を解き明かしたという達成感を味わうことができるだろう。

第１部　現代物理理論の世界

第１章　ニュートン力学

ニュートン以前の物理学

物理学の始まりは、古代ギリシャの自然学に求められ、それまで神話に頼っていた宇宙や自然の成り立ちについて、思考することにより説明しようとするものである。

以下、ニュートンが登場するまでに、物理学の発展に貢献した主な人々を列挙し、その業績を見ていきたいと思う。

タレス（紀元前600年頃）

ギリシャの哲学者で、ミレトス派（イオニア学派）の始祖とされる。日食を含め、自然現象を神々のせいにするのではなく、物質的な力や原因から説明しようとした。また「万物は水でできている」と考えた。

デモクリトス（B.C.460-370）

古代ギリシャの哲学者。物質が、原子（アトム）というそれ以上は分割できない無数の小さな粒子からできていると考えた（古代原子論）。また彼は、原子と原子の間は何もない空間（ケノン：空虚＝真空）になっていると考え、宇宙は原子と、原子の運動する空虚な空間から成り立っているとする説を唱えた。

アリストテレス（B.C.384-322）

古代ギリシャの哲学者。物質は無限に細かく分割でき、アトムは存在しないと考えていた。また、空間は何らかの物質が充満していると考え、真空の存在を否定した。アイテール（エーテル）は、透明で重さもなく、天上界（月より上の世界）で物質と形の全てを構成するものとされた。

4大元素である、地（土）、火、水、空気（風）、が月の天球の下を構成する究極的な要素であり、これらは空間をすき間なく埋め尽くしていると主張した。

運動論

宇宙の中心に対する運動として、中心へ向かう運動、中心から離れる運動、中心の周りを回る運動の3つがあるとされた。物体の運動は、元素が持つそれぞれ固有の場所に戻るために、元素は固有の運動をすると説明された。

目的論

目的因（目的という原因）という言葉も使われる。物には内在的な目的があり、地上の物や天体はその目的に応じた運動をすると考えた。

天体論

地球が平らではなく、丸い球状であると論じていた（地球球体説）。その理由として、月食の時の地球の影が丸いこと、北方と南方で北極星の見える位置（高さ）が違うこと、を挙げている。

宇宙の中心に地球はあり、その周りを太陽、月、惑星、恒星が完全な円軌道を描いて回っていると考えていた（天動説）。

宇宙が中心を共有するいくつもの球（同心天球）の組み合わせによってできているとする説を唱えていた（同心天球説）。

地球を含む月より下の世界では、万物は移り変わり壊れもするが、月より上の天上界では全ては永遠不滅であるという宇宙観を示した。

クラウディオス・プトレマイオス（83-168頃）

エジプトの天文学者。アリストテレスの考えを宇宙モデルに仕上げた。

天動説

宇宙の中心にあるのは地球であり、全ての天体はその周りを回転しているという説。しかし実際には、惑星は星々の間をさまようように動いていた。プトレマイオスは、惑星が周りを回っている点が、さらに地球の周りを回っているとして、二重の円運動を考えることにより惑星の運動を説明した（周転円説）。このモデルは、その欠点にもかかわらず広く受け入れられ、教会にも採用された。

ニコラウス・コペルニクス（1473-1543）

ポーランドの聖職者、天文学者。地球は宇宙の中で、特別な場所に位置しているわけではなく、どこにでもある場所に存在しているにすぎないという説（コペルニクスの原理）を提唱した。

地動説

中心にあるのは太陽であり、地球を含む惑星はその周囲を回っているという説を唱えた。

コペルニクスは、惑星の運動は円軌道を描いていると考えていた。

ヨハネス・ケプラー（1571-1630）

ドイツの天文学者。デンマークの天文学者ティコ・ブラーエ（1546-1601）の綿密な観測データを解析して、惑星が円軌道ではなく楕円軌道を描いていることを発見した。ティコ・ブラーエは地動説に反対していたが、ケプラーは地動説に立ち、惑星の運動に関して、以下の法則を提示した。

ケプラーの第1法則

惑星の軌道は太陽を焦点の1つとする楕円である。

ケプラーの第2法則（面積速度一定の法則）

太陽と惑星を結ぶ線（動径）が一定時間に通る面積は等しい。

ケプラーの第3法則

惑星の公転周期の2乗と太陽・惑星間の平均距離の3乗の比が、惑星の種類によらず一定である。

ケプラーは、惑星が太陽の周りを回っているのは磁力によるものと考えていたため、楕円軌道の説明はうまくできなかった。

ガリレオ・ガリレイ（1564-1642）

古代ギリシャ以来、高い所から物を落とした場合、重い物体ほど速く落ちると信じられていた。ガリレオは議論を通してこれを否定し、全ての物体は同じように落下することを、斜面上を転がり落ちる物体の運動を観察するという実験で確認した。そして、落下物体の進む距離は経過時間の2乗に比例する、という落体の運動（自由落下運動）の法則を発見し、物理学に初めて本格的な数式を導入した。

時計が発明されていない時代に、脈拍を時計代わりにして、振り子の等時性を発見した。すなわち、長さの等しい振り子は、振幅の大きさや重りの重さに関係なく同じ周期で揺れる、ということを発見したのであるが、振り子時計の発明には至らなかった。その代わりに、水時計を発明して実験を行なったようである。

17世紀初め、オランダ人のハンス・リッペルスハイ（1570-1619）が望遠鏡を発明すると、ガリレオは自作の望遠鏡を開発して天文観測を行ない、天動説を否定してコペルニクスの地動説を支持した。天動説を支持する多くの科学者たちは、地球が動いているなら落下物体はずれた位置に落ちるはずだ、という古代ギリシャ以来の考え方を信じていた。これに対しガリレオは、全ての物体には運動（速度）をそのまま保ち続けようという性質（慣性）がある、という考え方で反論したという。さらにガリレオは、同じ速度で真っ直ぐ動く（等速直線運動をする）限り、運動している人から見た運動法則は、静止している人から見た運動法則と同じであるという相対性原理と呼ばれる考えを示した。

ルネ・デカルト（1596-1650）

フランスの哲学者であり科学者でもある。アリストテレスのように、星と惑星を動かしているのはエーテルであり、天体はエーテルの渦に乗って運動すると主張した。

デカルトは真空の存在を認めておらず、空間は物質で充満しており、物質を構成する粒子は空間に合わせて大きさや形を変えると考えていた。

この粒子は分割不可能な原子ではなかった。デカルトの粒子論では、あらゆる物質は、大きさと形の異なる3種類の基本的な粒子、火、空気、土の組み合わせによってできているとされた。

光とは、宇宙を満たすエーテルを伝わる振動か、その振動を生じさせるものととらえていた。

物体の運動についても研究し、真実を得るためには自然現象を数学的に解析する必要があると考えていた。アリストテレスの目的因を否定し、変化や運動を引き起こす始動因を重視した。運動の勢いは衝撃によって得られるという考えで落下物体の運動を説明しようとし、落下運動においては落下の距離が時間の2乗に比例することを証明した。物体の勢いという考え方は、ニュートン力学でいう運動量（＝質量×速度）に匹敵する物理量である。また、衝撃による運動の勢いという考え方の裏返しとして、衝撃がなければ運動の状態は維持されるという理論が得られ、慣性の法則が完成された。

空間には、縦、横、高さという3つの次元があるが、物体の位置を示すのに、座標という尺度を導入した。デカルト座標と呼ばれ、x軸、y軸を発明して、任意の場所を（x、y）と表すことを考えついた。

ニュートン力学とその後の発展

アイザック・ニュートン（1642-1727）

1642年、ガリレオが亡くなった年にニュートンは生まれた。ニュートンがケンブリッジ大学に入学した頃、まだアリストテレスの世界が教えられていたが、彼はコペルニクスやケプラーの天文学、ガリレオの数学、デカルトの哲学について学んでいた。

1687年、「自然哲学の数学的諸原理（プリンキピア）」という書物を出版し、重力に関する法則や、物体が時間と空間の中をどのように動くかについての理論を提唱した。

ニュートンの運動法則の確立、光と色の研究、微積分の発明、万有引力の法則の発見など、彼の科学上の成果は200年以上にわたって科学者の思考を支配した。

ニュートンの運動法則

第1法則：慣性の法則

外部から力が働かなければ（働いていたとしてもそれらがつり合っていれば）、全ての物体は速さや向きを変えず、その状態を維持する（静止または等速直線運動を続ける）。

慣性とは、物体が速度も方向もそのままに運動を維持し続けようとする性質をいう。慣性は質量が大きいほど大きく、そのままの状態で進もうとする。

力とは、物体の速度を速くしたり遅くしたり、進む向きを変えたりするものである。等速直線運動とは、同じ速度を保ったまま、方向も変えずにまっすぐに進む運動をいう。

第2法則：運動の法則

物体に力が働く時、その力の向きに加速度が生じ、物体に生じる加速度の大きさは、加えられた力の大きさに比例し、物体の質量に反比例する。

加速度とは、速度が1秒間にいくら変化したかを表す量をいう。

質量は重さとは異なり、重力場によって変化することなく、

質量 ＝ 密度 × 体積 で定義される。

重さは、その物体に働く重力の大きさである。

第2法則を式にしたものを、運動方程式という。

力（F）、質量（m）、加速度（a）の関係を式で表すと、以下のようになる。

力 ＝ 質量 × 加速度　（Ｆ ＝ ｍａ）

運動方程式を言葉で表すと、質量ｍの物体に加速度ａを生じさせたのは力Ｆである、となる。

1kgの物体に力を加え、1秒間当たり秒速1mずつ速くなるような加速度を生じさせたとき、この物体に働いた力の大きさを、1ニュートン（N）と定義する。

第3法則：作用・反作用の法則

物体Ａが物体Ｂに力を働かせる（作用する）と、ＢからＡにも大きさが等しく逆向きの力（反作用）が働く。

これは押す力の場合も引く力の場合も同様に働く。

ニュートンの運動の3法則は、力学の基礎となる法則であり、実験で確認されるようなものではないが、この法則により様々な現象を説明できる有意義なものである。この法則を基に新たな法則が生まれ、力学の体系が作られていったのである。

万有引力の法則

ニュートンはまた、重力の法則（万有引力の法則）も発見した。ニュートンは、リンゴを木から落下させるのも、月がまっすぐ地球から離れていかず、地球の周りを回っている（地球に向かって落下している）のも、同じ力（地球の引力：重力）が働いているためであると考えた。円運動するには、運動方向に垂直な力を常に加えてやればよい。この円運動の中心に向かう力を、向心力という。月が地球の周りを回るのは、地球の引力が向心力として働いているためである。

2つの物体があると、同じ大きさの力でお互いに引き合い、その力の大きさは物体それぞれの質量（の積）に比例し、物体間の距離の2乗に反比例する。

$F = G \times M \times m / r^2$

（F：万有引力の強さ、G：万有引力定数、M , m：物体の質量、
r：物体間の距離）

1798年、ヘンリー・キャベンディッシュ（1731-1810）は、ねじれ秤を用いた方法で、万有引力の実験的検証を行ない、万有引力定数を求めることに成功した。

ニュートン力学では、いろいろな力（圧力、張力、摩擦力、抗力など）は、じかにくっついた時にのみ働くが、重力だけは離れている物体に対して作用するとされ、遠隔作用と呼ばれている。これは空間を力が伝わることを意味する。ニュートンにより力というものが定義された後、いろいろな法則が生まれた。しかし、電気や磁気の力の性質は、ニュートンの重力法則と運動法則で記述される力学的世界像には当てはまらなかった。

運動量とエネルギー

運動量は運動の勢いを表す量であり、以下のように定義される。

運動量 ＝ 質量 × 速度

運動量pは、質量をm、速度をvとすると、p ＝ mvで表される。

エネルギーとは、その物体が持つ仕事をすることのできる潜在能力をいう。

仕事 ＝ 物体の移動方向の力の成分 × 物体の移動距離

1ニュートン（N）の力で、1mだけ物を移動させた仕事を、

1ジュール（J）という。（1 Nm ＝ 1 J）

力の時間的な効果は運動量になり、力の空間的な効果はエネルギーになる。

運動量保存の法則

外から力を加えない限り、1つの系の中で物体が衝突したり分裂したりしても、物体の運動量の総和は保存される。つまり、衝突や分裂の前後では、運動の勢いの合計は変わらない。

力学的エネルギー保存法則

動いている物体は、速度が速いほど大きな運動エネルギーがある。

高い所にある物体ほど大きな落下能力（位置エネルギー）を持つ。運動エネルギーと位置エネルギーの合計は保存される。

力学的エネルギー ＝ 運動エネルギー ＋ 位置エネルギー ＝ 不変

ボールを投げ上げると、最初に加えられた力が運動エネルギーになり、ボールが高くなると位置エネルギーは増すが、運動エネルギーは減少する。最高点では、位置エネルギーは最大となり、運動エネルギーは0となる。ボールが落下する時は逆になり、位置エネルギーが減少し、運動エネルギーは増加する。最下点（地上）では、運動エネルギーが最大となり、位置エネルギーは0となる。この間、力学的エネルギーは保存されているというわけである。

エネルギー保存の法則

エネルギーには、力学的エネルギーの他、動力エネルギー、化学エネルギー、熱エネルギー、光を含む電磁気エネルギー、核エネルギー（原子力エネルギー）など、さまざまな形態がある。これら各形態のエネルギーは、他の形態のものに移り変わることはできるが、エネルギー形態が変化しても、そのエネルギーの総量は変わらず、消滅するエネルギーはない。また、エネルギーは決して無からは生じない。この法則によると、宇宙が始まって以来、宇宙に存在するエネルギーの総量は全く変わっていないことになる。

質量保存の法則

1772年、フランスの化学者アントワーヌ・ラヴォアジエ（1743-1794）は、化学反応の前後で物質の質量が変わっていないことを精密な測定により示した。これが質量保存の法則である。

1905年、アインシュタインの特殊相対性理論により、エネルギーと質量は等価で、変換されうることが指摘された。このため、エネルギーや質量の保存則は単独では成り立たないこともある。しかし、これらの物理量は自然に発生したり消滅したりはしない。お互いに変換されても全体としては変わらない物理量であり、全体の物理量に対しては保存則が成立しなければならない。

化学の発展

ニュートンは、原子間の力が強くてしっかり結びついているのが固体、原子間の力が弱くてあまりきつく結びついていない状態が液体、原子がほとんど自由に飛び回っている状態が気体であると考えた。

イギリスの科学者ロバート・ボイル（1627-1691）は、物質はそれぞれ違う種類の粒子からできていると考え、他の物質から合成できないこうした物質を、元素と名づけた。

1772年、質量保存の法則が示され、1799年、化学反応はいつも決まった整数の質量比で起こることが発見された。

1808年、イギリスの科学者ジョン・ドルトン（1766-1844）は原子説を提唱し、元素の数と同じだけの種類の小さな粒子、すなわち原子（アトム）が存在するという考えによりこれらの実験結果を説明した。彼は、元素は重さの違う原子からできており、各々の原子同士は結合して分子を作ると考えた。そして、化学反応の質量比から、各原子の質量比を求めることに成功したのである。

各原子の質量比は原子量と呼ばれる値で示され、分子の質量は分子量という。水素原子の原子量は1、ヘリウム原子の原子量は4、酸素原子の原子量は16である。

1869年、ロシアの化学者ドミトリ・メンデレーエフ（1834-1907）は、それまで知られていた90種類ほどの元素を原子量の小さいほうから順に並べてみると、一定の周期ごとに化学的性質のよく似た元素が並ぶことに気づき、周期表にした。その後、この元素の周期表が予言するまだ知られていなかった元素が発見されていくことになる。

20世紀になるまでは、原子が最も基本的な粒子だと考えられていたのである。

慣性力と力学の発展

電車が急に動き出した場合、電車に乗っている人は進行方向とは逆の方向に倒れそうになる。これを、地面に静止している観測者から見ると、電車に乗っている人はもとの位置に居続けようとしているように見える。すなわち慣性の法則に従っているように見える。しかし、電車内にいる人は、電車といっしょに動くことが同じ位置に居続けることになるので、倒れそうになるのは後ろ向きに力が働いたと考えることにより、慣性の法則に従っていることになる。この見かけの力を、慣性力という。つまり、加速する観測者から見た場合、加速の向きと逆向きに慣性力が働いたと考えればいいのだ。円運動している物体には中心向きの力（向心力）が働いており、この場合の慣性力を、遠心力という。

ニュートン力学は、慣性力の考え方を用いて解析力学へと発展していき、力学が適用できる範囲が拡大した。運動を位置と運動量の状態変化と考える解析力学は、さらに極めて微小な世界を扱う量子力学へと発展していった。（量子力学については、第7章で詳しく論じられる）。

時間と空間

ニュートンは、時間と空間は自然界の出来事が起こる舞台であるが、それらから影響を受けない絶対的存在であり、宇宙全体に共通の時間が流れていると考えた。時間は空間とは別々に離れており、両端が過去と未来の方向に無限に伸びて、永遠に存在するものと考えられていた。

オーストリアの哲学者で物理学者のエルンスト・マッハ（1838-1916）は、物体の慣性は、宇宙に存在する物質（質量）全体との相互作用で決まる、というマッハの原理を唱え主張した。ニュートンが絶対空間、絶対時間を主張していたのに対し、マッハは、空間は全宇宙に存在する物質の影響で相対的に決まるとした。また、時間とは物が変化するのをみて人間が引き出した抽象的な概念にすぎず、どんな変化にも無関係な絶対的な時間は物理的に無意味であるとした。こうしてマッハは、ニュートンの絶対時間や絶対空間の考えを否定した。

このマッハの考えはのちにアインシュタインに影響を与えたとされ、特殊相対性理論により時間と空間は統一的に時空と呼ばれ、相対的なものとして扱われることになった。(時間と空間については、第5章で詳しく論じられる)。

重力理論

ニュートンは重力が瞬時に働くとしたが、アインシュタインの特殊相対性理論により、どんな力も情報も真空中を走る光の速さ（秒速30万キロメートル）を越えて伝わることはできないとされた。そして、ニュートンの重力理論は、アインシュタインの一般相対性理論へと修正されることになる。(相対性理論については、第6章で詳しく論じられる)。

著者の見解

現代物理学では、原子（アトム）は原子核と電子から構成されており、原子核もさらに分割できるものであるとされている。しかし、物質がこれ以上分割できない小さな粒子からできているというデモクリトスの考え方は、多くの物理学者が支持しているはずであり、私もこの考え方を支持している。空間についても、私はデモクリトスの何もない空間の存在を支持しているが、現代の物理学者の中には、アリストテレスのように何らかのものが空間をすき間なく埋め尽くしていると考えている人も多くいる。時間と空間に関する考え方もいろいろ変化しているが、多くの章で取り上げられているので、その都度私の意見も述べていきたい。デカルトが考えついたという空間を座標で表すやり方は、ニュートン力学で取り入れられたこともあり、私たちは無意識にでも、縦、横、高さという3次元の絶対空間をイメージしているのではないだろうか。このやり方は、私たちが物体の運動や物体の立体構造を理解する上で非常にわかりやすく、この考え方が否定された今でも普通に用いられている。アインシュタインの特殊相対性理論により、時間と空間が時空として統一的に扱われるようになった後も、時間と空間を分けて考えている物理学者、物理理論も多く見られる。私は、時空として扱う立場を支持している。

ニュートンの運動法則は、力が働いた時の物体の運動を予測する上で非常に役に立つ。簡単な数式であり、日常生活でも使える法則であるが、厳密にいうと条件がそろわないと正しい結果は得られない。例えば、空間に抵抗があると慣性の法則は成り立たないし、同じ質量でも体積が大きい方が抵抗が大きくなるため、より大きな力を必要とすることになる。また、2つの物体が衝突して跳ね返る場合でも、物体の内部構造に変化が起これば、衝突後の物体の速度や方向は予測できない。勿論、運動に影響を及ぼす条件を計算に組み込むことができれば、正しい予測に近づくことは当然であり、これは他の物理法則にもいえることである。

ニュートンの重力の法則も、通常の条件では問題なく機能する法則である。ただ、離れている物体に瞬時に力が伝わる遠隔作用で説明されていることが問題とされている。物体がくっつかないと力が作用しないのではないかと錯覚されがちであるが、物体はすき間だらけでくっついているようでも離れている。それ故、空間を力が伝わることには異論はないだろう。しかし、アインシュタインの特殊相対性理論により重力の伝わる速度が光の速さに制限されたとはいえ、いやむしろ制限されたからこそ、現代の物理理論でも重力の到達距離が無限大であるとされていることには、納得のいく説明が必要なのではないかと私は考えている。

また、質量の本質が理解されていないため、質量のある物質同士に、質量に比例した大きさの引力が働く理由を説明するのは難しいだろう。

ニュートンの重力の法則は、万有引力の法則といわれるように、重力は引力としてしか働かないとされている。ニュートンが偉大であったため、それが当たり前のように論じられ誰もそれを疑わない。万物理論は力の統一も目指しているが、電磁気力には引力と斥力の両方が働くのに、引力しか働かない重力との力の統一を論じるのは無理があるのではないのか？　私は、重力にも引力と斥力の両方が働くのではないかと考えている。

質量やエネルギーの保存則は、単独では成り立たないとはいえ、外部とやりとりのない系で考えれば、合計した量の保存則は成り立っているはずである。これは宇宙全体で考えた場合でも成り立つべきであり、そうでなければ物理理論に対する信頼度は低下する。しかし現代物理理論では、無から宇宙が誕生するという理論が主流になっており、私はこの考え方にも疑問を持っている。これらについては、量子論や宇宙論の章で詳しく論じるつもりである。

第２章　熱力学

熱と温度と物質の状態

熱の運動説

物質中の分子は振動したり動き回ったりしており、分子の運動は温度が高いほど激しくなるが、この運動を熱運動という。物体を構成する粒子（分子）を振動させることで熱は生じるという考え方を、熱の運動説という。

古くから物体をこすることによって熱が発生することは知られており、ニュートンも熱の運動説を支持していたが、18世紀後半、質量保存則を発見したフランスの化学者ラヴォアジエらが熱素説（熱物質説）を唱え、こちらが主流になっていた。少し遅れてアメリカの科学者ランフォード伯ベンジャミン・トンプソン（1753-1814）が再び、熱の運動説を主張して反響を呼んだが、多くの科学者に認められるようになったのは、30年以上も経ってからのことである。まだ分子という概念がなかった18世紀の中頃、スイスの物理学者ダニエル・ベルヌイ（1700-1782）は、著書「流体力学」の中で、気体は常に運動している状態の微粒子の集まりであるという考えを示した。しかし、熱素説が主流であったため、あまり注目されなかった。

19世紀中頃、ベルヌイによる気体の分子運動論を復活させたのは、ドイツの物理学者ルドルフ・クラウジウス（1822-1888）である。彼は、気体は分子の集合体で、一つ一つの分子が運動しており、気体は存在するだけで個々の分子の運動エネルギーの和である内部エネルギーを持つと考えた。オーストリアの物理学者ルートヴィヒ・ボルツマン（1844-1906）は、気体の分子運動論によって熱や圧力といった概念を研究した。ボルツマンが創始した古典統計力学により、熱力学の法則をニュートン力学で説明できるようになったのである。

熱と温度

熱とは、温度の高い物体から低い物体に移った熱運動のエネルギーのことであり、エネルギーの移動により定義される量である。

温度とは、熱による分子運動の激しさを示すものである。摂氏（℃）温度は、水が凍る時の温度を0度（℃）、水が沸騰する時の温度を100度（℃）と決め、この間を100等分したものである。－ 273.15 ℃では、分子は振動もしなくなり止まってしまう。これは最も温度の低い状態（宇宙における温度の下限）であり、絶対 0 度と言われる温度である。この絶対 0 度を基準にした温度を絶対温度という。

絶対温度（K） ＝ 摂氏温度（℃） ＋ 273.15度　となる。

温度と物質の状態

物質には、固体、液体、気体という3つの状態がある。

固体は、分子同士の結びつきが強く、お互いに引き合っている状態にある。分子は勝手に動き回ることはできず定位置で振動しており、温度が高いほど振動は激しい。

液体は、固体と気体の中間の状態で、分子は振動しながらある程度自由に動き回っている。

気体は、分子同士が引き合う力は弱く、お互いにもっと離れている状態で、より自由に動き回っている。温度が高いほど分子の動き回る速さは速い。

融解

熱により、固体から液体に状態変化すること。

固体を加熱すると、強く結びついていた固体の分子の振動が激しくなり、ある程度自由に動き回れるようになる。いわゆる融けるという現象である。

凝固

液体から固体になること。

液体の熱運動のエネルギーを奪うと、分子の運動が減り、分子同士の引き合う力に勝てず、強く結びついて固体の状態になってしまう。

気化

液体から気体になること。

液体の表面付近の動きの速い分子が、分子同士の引力に勝って、表面から外に出ていき気体になることであり、液体表面からの気化を特に蒸発という。液体に熱を加えると蒸発も起こりやすくなり、この蒸発に使われた熱を、蒸発熱という。汗をかいたあと、乾くときに涼しく感じるのは、身体から蒸発熱が奪われるからである。

液化

気体から液体になること。

水を例にとると、空気中を飛び回っている水の気体分子のうち、動きの遅いものが水の表面近くで引力に捕まって、水の中に入ってしまうことである。

沸騰

水中で気化が生じる場合で、泡となって浮き上がり、液体表面から出て行く。水は100℃で沸騰するが、高い山など空気の圧力が低いと、より低い温度で沸騰する

気体の温度と圧力

空気の圧力

空気の圧力は、衝突によって空気分子が1 m^2 当たりの面を押す力をいう。私たちの周りの空気（大気）の圧力（大気圧）は、通常1気圧で、こ

れは、面積1cm^2当たり1kgの重さに匹敵する強さである。

ボイルの法則

1662年に、アイルランド出身の科学者ロバート・ボイル（1627-1691）により発見された、温度を一定に保てば、気体の圧力は体積に反比例する、という法則。

温度一定のとき、圧力をP、体積をVとすると、

P ∝ 1／V（∝は比例することを表す記号）が成立し、

PV ＝ 一定値　となる。

シャルルの法則

1787年に、フランスの物理学者ジャック・シャルル（1746-1823）により発見された、圧力を一定に保てば気体の体積は絶対温度に比例する、という法則。

気体は温度を上げれば膨張して体積が増え、温度を下げれば体積が減少する。

圧力一定のとき、温度をT、体積をVとすると、

V ∝ Tが成立し、V／T ＝ 一定値　となる。

ボイル・シャルルの法則

2つの法則をまとめたもので、ある気体において圧力や温度を変化させても、圧力 × 体積 ／ 温度　は一定である、という法則。

一定値をRとすると、PV／T ＝ R　となる。

（Rは気体定数と呼ばれる）

この式を変形すると、PV ＝ RT　となり、これは気体の状態方程式といわれるものである。

熱力学の法則とエントロピー

熱力学の創始者とも呼ばれているルドルフ・クラウジウスは、熱と仕事の関係を法則として定式化した。

熱力学第1法則

熱によって仕事が行なわれるとき、仕事に比例する熱が消費される、というのが熱力学第1法則である。

クラウジウスは、熱と仕事は互いに変化し合い、その変化量は互いに比例するということを発見した。物体がもらったエネルギーは、物を動かす仕事に使われるだけでなく、分子の熱運動を活発にすることにも使われる。このことから、物体はもらったエネルギー以上の仕事はできない。つまり、エネルギーをもらわずに永久に動く機械は作れないことがわかる（永久機関不可能の原理）。

クラウジウスは、法則を数学的に表現するために、物体内部に蓄えられた内部エネルギーという状態量を導入した。気体はもともと内部エネルギーＵをもっている。内部エネルギーとは、運動している気体分子が持つ運動エネルギーの和、と考えられる。

この気体に熱量Ｑを与えたとき、内部エネルギーがU'になり、外部にＷの仕事をしたとすると、内部エネルギーの変化量（U' − U）をΔＵとして、

$Q = \Delta U + W$　が得られる。

与えられた熱は、内部エネルギーを増加させ、仕事をすることに使われたということである。

熱力学の第1法則は、熱力学におけるエネルギー保存則といえる。与えられた熱、または持っていた熱のエネルギー以上の仕事をすることはできない。仕事やエネルギーは、形態を変えるだけで決して消滅せず、保存されるのである。

熱力学第2法則

様々な種類のエネルギーは全て、最終的には熱エネルギーになり、その熱エネルギーも温度の高い物体から低い物体へと移る方向に流れていき、この過程は不可逆的である。つまり、温度の低い物体から高い物体に自然に熱が移動することはない。絶対温度を用いると、以下の関係が成り立ち、カルノー効率と呼ばれている。
可逆熱機関の効率 ＝（高温熱源の温度 – 低温熱源の温度）÷ 高温熱源の温度

クラウジウスは、カルノー効率とは、熱 → 仕事、という起こりにくいエネルギー転化と、熱（高温）→ 熱（低温）という起こり易い転化との間の打ち消し合いを示す量であると考え、エネルギー転化の等価値という量を思いついた。これは可逆変化のとき、変化の過程で出入りした熱量Ｑをそのときの絶対温度Ｔで割った値、Ｑ／Ｔ で表される。

彼は、可逆的な過程において、変化の経路に従ってこの値を加え合わせた総和量Ｓは、その物体の状態で決定される量（状態量）となっていることを発見し、この量をエントロピーと名付けた。可逆変化のとき、エントロピーは一定の値になっている。クラウジウスは、一般的な不可逆変化のとき、以下の不等式が成り立つことを導いた。

Ｓの変化 ＞ その過程におけるＱ／Ｔという値の計算値の総和

この不等式は、熱力学第2法則の数学的表現とされる。

外部とのやり取りのない孤立系で考えると、熱量Ｑの出入りはないので、Ｑは0、すなわち、Ｑ／Ｔもその総和も0ということになる。これは、エントロピーの変化 ＞ 0であることを意味し、孤立系で変化する不可逆現象では、変化の前後の状態でエントロピーは増大することになる。このため、熱力学の第2法則は、エントロピー増大の法則とも呼ばれる。

ボルツマンは、エントロピーに対して統計力学的な解釈を与え、エントロピーとは無秩序さを表す量であり、エントロピーの増大とは、原子や分子が次第に無秩序な動きをしていくことであるとした。

宇宙は全体で考えれば孤立系であり、宇宙全体でエントロピーは常に増大していることになる。エントロピーを無秩序さと解釈するなら、エントロピーが大きい状態とは、実現される確率が高い状態であり、エントロピー増大の法則とは、実現される確率の高い状態へと変化していくことである。リチャード・ファインマン、ロジャー・ペンローズ、スティーブン・ホーキングなどの物理学者は、宇宙の初期状態はエントロピーが低かったため、それ以降はエントロピーが増大する方向にあるのだと考えている。

著者の見解

熱力学の第1法則から、物体に加えられたエネルギーは、物を動かす仕事に使われるだけでなく、その物質の分子の熱エネルギーにも使われることが示されており、ニュートン力学の補足にもつながる。空気の抵抗も空気分子の熱エネルギーとして消費され、本来エネルギーを必要としないはずの等速直線運動にもエネルギーを必要とすることになる。

熱力学の第2法則から、エントロピー（無秩序さ）は増大することが示されている。エントロピーの増大は、時間の流れる方向であるとされ、宇宙論でも宇宙の進化の方向であるとされている。熱力学の第2法則は絶対的な法則であり、決して破ってはならない法則であるかのように論じている物理学者は多い。しかしこれは、必ずしもそうとは言えないのではないかと私は考えている。宇宙の初期条件がエントロピーの低い状態であったことには賛成であるが、増大したエントロピーはさらに増大し続けるばかりではなく、宇宙の温度が低下するにつれ、再びエントロピーが低い状態にもどる可能性もあるのではないかと考えているのだ。私の宇宙観に関しては宇宙論のところで述べるつもりである。

第3章　電磁気学

電気（電荷）と電流

静電気

物体同士をこすり合わせると、電気を帯びる（帯電する）。摩擦によって生じるので摩擦電気というが、この電気は他の物体が触れなければ、その物体の表面にとどまって静止しているので、静電気ともいう。また、静電気を帯びた物体同士の間に働く力を、静電気力という。

紀元前から摩擦によって物質に力が生じることは知られていたが、16世紀にイギリスの科学者ウィリアム・ギルバート（1544-1603）が、この現象をウィース・エレクトリカ（電気力）と名づけた。

18世紀、科学者たちは、静電気の研究から電荷を定量的に調べ、多くのことを発見した。

電気（電荷）の種類

電気力の源は電荷であり、正の電荷（プラス ＋）と負の電荷（マイナス －）の2種類がある。ガラスを絹でこすると、ガラスは ＋ に、絹は – に帯電する。また、ガラスを毛皮でこすると、ガラスは – に、毛皮は ＋ に帯電する。

同種の電荷を帯びた物体同士（＋ 同士、または – 同士）が近づくと反発する力（電気反発力、電気斥力）が働き、異種の電荷（＋ と －）が近づけば、引き合う力（電気引力）が働く。引力や反発力（斥力）は、物質の持つ電荷が多いほど大きい。一般に物質は、プラスとマイナスの電荷を同じ数だけ持っているので、マイナスの電荷を失った物質はプラスに帯電し、マイナスの電荷をもらった物質はマイナスに帯電する。

電荷保存則

電気は、物体間を移動することはあっても、何も無い所から生じたり、勝手に消滅したりせず、全体の電気量は保たれるという法則。

雷の正体を電気であると突き止めたベンジャミン・フランクリン（1706-1790）が考えた法則である。彼は、2種類の電気に対して、正電気、負電気と名づけたことでも知られている。

静電誘導

帯電体を近づけた物体に静電気が誘導される現象を静電誘導という。帯電体に近い側には帯電体とは違う電荷が、帯電体に遠い側には帯電体と同じ電荷が誘導される。静電誘導で生じた正の電荷と負の電荷の電気量の大きさは等しい。静電誘導は、導体だけでなく不導体にも生じる。

クーロンの法則

1785年、フランスの物理学者シャルル・オーギュスタン・ド・クーロン（1736-1806）は、ねじれ秤を用いて静電気力の実験を行ない、以下のことを発見した。

荷電粒子（電荷）の間に働く電気力は、それぞれの電荷の積に比例し、荷電粒子（電荷）間の距離の2乗に反比例する。

実は、1773年にイギリスの科学者ヘンリー・キャヴェンディッシュ（1731～1810）が同じ法則を発見していたが、先取権を主張しなかったため、クーロンの法則と名付けられた。

この法則では、それぞれｑ、Ｑの電気量を持つ2つの点電荷があり、お互いの距離をｒとすると、作用する力の大きさＦは、以下の式で表される。

$F = k\,qQ / r^2$（ｋ：比例定数）

クーロンは、磁気についても同様の関係があることを発見している。この式は、力の大きさが物体間の距離の2乗に反比例する法則（逆2乗の法則）であり、ニュートンの万有引力の法則と似ている。

電池

イタリアの物理学者アレッサンドロ・ボルタ（1745-1827）は、向い合わせに並べた2枚の金属板に正・負の電気を蓄える装置、コンデンサーを発明した。

2枚の金属板は互いに引き合うので、引き離すには仕事が必要になる。これは重力に逆らって物を持ち上げるときの仕事に似ている。力学における位置エネルギーと同じく、静電気力による位置エネルギーのことを電位という。

1800年、ボルタはさらに研究を重ね、銅と亜鉛の間に希硫酸で湿らせた紙をはさみ、導線でつないだ装置、電池を作成した（ボルタの電池）。電池は、水をくみ上げるポンプのように、電気におけるポンプの役目を果たしており、電荷に位置エネルギーを与え電位をつくる装置である。

この発明により人類は初めて、静電気とはちがう動く電気（動電気とボルタは呼んだ）、電流を手に入れたのである。この後、電池に対する研究はさらに進み、より安定した電流を得ることのできる電池が開発されていった。

オームの法則

1827年、ドイツの物理学者ゲオルク・オーム（1789-1854）は、実験をもとに以下の結果を発表した。

導体に流れる電流の量は、その導体の両端にかかる電圧に比例し、その導体の抵抗に反比例する。

導体とは電流を通しやすい物体のことであり、電圧とは電位の差、つまり電気的位置エネルギーの差のことをいう。

電池に導体をつなぐと電流が流れる。電池の電圧が大きいほど、電位の高低差が大きくなるので電流も大きくなる。電圧を電流で割った値を（電気）抵抗といい、電流の流れにくさを表す。

導体に流れる電流をI、その導体の両端にかかる電圧をV、その導体の抵抗をRとすると、次の関係が成り立つ。

V ＝ R I

これを、オームの法則という。

電圧の単位はボルト（V）、電流の単位はアンペア（A）、抵抗の単位はオーム（Ω）で表す。

電磁気と電磁場

磁気と磁石

古代ギリシャ時代、マグネシア地方からとれる石（磁鉄鉱）は、鉄を引きつける性質があり、マグネット（磁石）と呼ばれた。紀元前数世紀頃には、中国でも磁石のことは知られていた。紀元後1世紀になると、磁石の棒が南北を指すことも知られ、11世紀にはこの性質を使った装置が羅針盤として航海に利用された。

1600年、エレクトリシティ（電気）という言葉の名づけ親であるウィリアム・ギルバートは、当時、磁気と電気について知られていたことを、「磁石について」という論文にまとめ、地球そのものが磁石であると唱えた。

磁石は磁気力を持っている。磁石には、N極とS極があり、N極同士やS極同士は反発し合う（磁気反発力が働く）が、N極とS極は引きあう（磁気引力が働く）。N極とS極はペアになって現れることから、磁気双極子と呼ばれており、N極だけとかS極だけの磁石はできない。なぜなら、磁気は電気を持った粒子の運動によって生ずるものだからである。

荷電粒子に対応して、磁気単極子（モノポール）の存在を初めて仮定したのは、後述の量子力学の章でも登場するイギリスの物理学者ポール・ディラックであるが、彼自身はモノポールの存在を信じてはいなかったらしい。

遠隔作用と近接作用

ニュートンは、万有引力が遠隔作用により、瞬時に、最短距離で直線的に作用すると考えた。イギリスの科学者マイケル・ファラデー（1791－1867）は、静電気を発生させ、その発生点と離れた観測点との間にいろいろな物体を置いて実験を行ない、電気力の強さが変化すること、電気力が曲がって伝わることを発見した。このことからファラデーは、電気や磁気が空間を媒介にして間接的に力を及ぼすという近接作用の考え方を主張した。

磁力線と電気力線

磁力や電気力が働く方向を表す曲線、磁力線や電気力線もファラデーの発案である。磁石のまわりに鉄粉をまくと、たくさんの曲線（磁力線）が現れる。磁力線は、N極から出てS極に入り、環状になって完全に閉じている。つまり、磁力線は磁石の中を貫通しており、磁力線同士が交わることは決してない。磁力線の本数は、磁気量に比例し、磁力線には以下の性質がある。

1本の磁力線には張力が働く（短くなろうとする)。

磁力線同士には斥力が働く（互いに離れようとする)。

地球も大きな1つの磁石である。方位磁針のN極が地球の北極を指すので、北極は地球という磁石のS極になっている。逆に南極は地球磁石のN極になっており、地球の磁力線は、南極から北極に向かっている。しかし、地球のN極とS極は何万年という周期で入れ替わっており、この原因は不明である。

電気力線も磁力線と同様の特徴があるが、電気力線は正電荷から出て、負電荷に終わる。電気力線の本数は、電気量に比例し、以下の性質がある。

1本の電気力線には張力が働く（短くなろうとする)。

電気力線同士には斥力が働く（互いに離れようとする）。

磁力線と電気力線のちがいとして、磁力線は閉じているのに対して、電気力線はプラスの電荷からマイナスの電荷までで開いている。共通点としては、電気力線同士や磁力線同士は決して交わらないということである。

電磁場

電気力線や磁力線という発想には、空間は空っぽではなく、力を伝える性質を持つ何かであるという考え方がある。この何かを、場（または界）と呼び、電気力の場は、電場（または電界）、磁力の場は、磁場（または磁界）という。

電場は、電気力を荷電粒子から荷電粒子へと伝達する。また、電場は、接触なしに電気力を伝える媒質であり、真空を埋めつくす。
電場は電荷から作られ、電荷から放射状に放出されている（ガウスの法則）。

電場は電荷だけでなく、磁場の時間変化からも発生する（ファラデーの法則）。

電流が流れる導線の周りには、電流の強さに比例し、距離に反比例する大きさで、磁場が導線を取り囲む方向に発生する（アンペールの法則）。

電場と磁場はからんでいるので、まとめて電磁場と呼ばれ、ポテンシャルの考え方で理解される。つまり、帯電体同士が直接力を及ぼし合うのではなく、一方の帯電体が電場を作り、他方の帯電体はこの電場から力を受ける。また、磁石同士が直接力を及ぼし合うのではなく、一方の磁石が磁場を作り、他方の磁石はこの磁場から力を受ける、という考え方である。

電気と磁気の関係

1820年、デンマークの物理学者ハンス・クリスチャン・エルステッド（1777-1851）は、ボルタの電池を利用して導線に電流を流す実験を行ない、近くにあった方位磁針が動くことを発見した。これは電流（電荷の運動）が磁気を生むことを意味し、電気と磁気を統一的に研究する電磁気学への出発点となった。

電流が作り出す磁場の方向は、電流の方向に対して直角方向となるが、電流の向きによって磁場の向きが反対になる。また、磁場のある空間を走る荷電粒子は、運動方向に対して直角方向に磁力を受けるため、円運動か螺旋運動をする。これらの現象は、フランス人物理学者アンドレ＝マリ・アンペール（1775-1836）によって、定量的な法則としてまとめられた。

ファラデーの電磁誘導の法則

1831年、マイケル・ファラデーは、磁石をコイルに近づけたり遠ざけたりするとコイルに電流が流れる、電磁誘導という現象を発見した。

磁束が時間的に変化すると起電力が生まれ、その大きさは磁束の時間的変化に比例する。磁束とは、磁力線の束、磁力線の総量のことであり、起電力とは、電気を流す力のことである。つまり、コイルの磁場の変化が激しいほど、比例して誘導される電流も大きくなる、というのがファラデーの電磁誘導の法則である。このような時間的に変化する磁場によって誘発された電場の電気力線は閉じており、出発点も終点もない。

マクスウェルの方程式

1860年代、イギリスの物理学者ジェームズ・クラーク・マクスウェル（1831-1879）は、混沌とした電磁気学を整理、統合し、電磁場のふるまいを数学的に記述することに成功した。彼の理論は難解で、方程式は複雑であったが、イギリスのオリヴァー・ヘヴィサイド（1850-1925）により簡略化され4つの方程式にまとめられた。

① rot E ＝ － ∂ B／∂ t

② rot H ＝ J ＋ ∂ D／∂ t

③ div B ＝ 0

④ div D ＝ ρ

（E：電場、H：磁場、J：電流、D：電束密度、B：磁束密度）

通常、D＝εE、B＝μH（ε、μは物質に特有な定数）の関係がある。

rot、divは、数学の微分演算記号である。

方程式①は、磁気の変動が電気を生むという、ファラデーの電磁誘導の法則を、

方程式②は、電流が流れると磁気を生むという、アンペールの法則を、

方程式③は、単極のN極、S極という磁荷（モノポール）が存在しないという、単極磁荷の否定法則を、

方程式④は、電荷が電場を生むという、クーロンの法則を、数学の微分法で表現したものである。

方程式③は磁場のガウスの法則、方程式④は電場のガウスの法則ともいわれる。

マクスウェルは、方程式②においてアンペールの法則に加え、電場の時間的変化は磁気を生むという、変位電流項をつけ加えた。これは電磁波の発見につながる偉大な発見であった。マクスウェルの方程式は、時間的な変化さえあれば電場、磁場が生まれ、電流のない空間の中でも、電場、磁場が伝わることを示している。1864年、こうしてマクスウェルは、電磁波の存在を予言したのである。（電磁波については、第4章で詳しく論じられる）。

電子

1830年代、ファラデーは電気分解から電気素量の存在を指摘し、また、ガラス管の両端に電極をつけて高電圧をかける、真空放電の実験を行なった。以後、真空放電に関する実験が盛んに行なわれ、ドイツの物理学者

ヴィルヘルム・ヒットルフ（1824-1914）とオイゲン・ゴルトシュタイン（1850-1930）は、陰極から出ているのは放射線ではないかと考え、陰極線と名づけた。これに対し、陰極線が磁石で曲げられることから、負の電気を持つ粒子ではないかと考える人もいた。

1897年、イギリスのジョゼフ・ジョーン・トムソン（1856-1940）が電子を発見した。トムソンも陰極線は粒子であると考え、電場と磁場の両方を用いて陰極線を曲げる実験を行ない、その曲がり方から比電荷と呼ばれる量を測定した。比電荷とは、単位質量あたりの電気量（その粒子の質量と電荷の比）のことである。この比電荷は電極金属によらず一定の値を取ることがわかり、陰極線粒子は全ての物質に含まれていると考えられた。これが電子の発見である。

電子の電荷（電気素量）は、e（電子は負電荷なので、－ e）で表される。電荷の単位はクーロンであり、電子の電荷（－ e）は、-1.6×10^{-19}クーロン、陽子の電荷（+ e）は、$+1.6\times10^{-19}$クーロンである。

一般に、基本粒子の電荷は、0かまたは、この基本電荷eの整数倍（±1、±2､・・・）である。粒子の間の反応で、粒子の変化や電荷の交換が起こっても全電荷は絶対に変わることはない、という電荷の保存則が成り立つ。電荷の本質はわかっていないが、無から生まれることも無くなることもなく、電荷はもともとこの宇宙に存在していたようである。

物質は原子が集まってできており、原子は中心にある原子核の周りを電子が回っているという構造になっている。原子核は、電気的にプラスの陽子と中性の中性子からできており、電子はマイナスの電気を持っているので、原子は全体として電気的に中性である。物体同士をこすると、電子が一方の物体から他方の物体に移ったりするので帯電が起こる。導体の代表である金属では、原子の一番外側の軌道を回っている電子は、自由に金属内を動き回ることができるため、自由電子と呼ばれている。この自由電子の流れが電流であり、金属は自由電子があるため電流が流れやすい。また、原子核の周りを回る電子の運動や、スピンという自転運動が原因となって物体の磁気が生じている。電子の運動よりもスピンからの磁気効果の方が強いらしく、磁気の発生源は電子のスピンということになる。しかし、電子は内部構造がなく点状の粒子とされ、点状粒子がどのように自転しているかは理解しにくいことである。

著者の見解

日常生活において、電気のエネルギーは欠かせないものになっている。また、私たちの身体の中でも電気の力は重要な役割を果たしており、生命活動も電気の力により支えられているといっても過言ではない。さらに、原子であれ分子であれ、自然界の物質を結びつけ物質の存在を維持しているのも電気の力である。

電荷の引力や斥力を目で見ることは難しいかもしれないが、磁石のＮ極とＳ極が引き合うこと、Ｎ極同士やＳ極同士が反発することは誰でも簡単に体験できることであり、空間を力が伝わっていることも実感できるのではないかと考える。

電気と磁気との間に密接な関係があるのは周知のことであり、磁気は電気を持った粒子の運動によって生じるもので、電流の方向と磁場の方向が直角方向となることを電磁気学は教えてくれる。そして、電場の変化が磁場を生み、磁場の変化が電場を生むことをマクスウェルの電磁場理論は教えてくれる。しかし、なぜそうなるのか？　電気と磁気の本当の関係はどうなのか？　については教えてくれない。

後述するが、素粒子論では、電子を含め素粒子は全て大きさのない点状粒子とされている。点状粒子のスピンが理解できないだけでなく、点状粒子が集まって物質を作っているということも私には理解できない。

電荷の本質はわかっていないが、宇宙誕生の時から新たに発生することも消滅することもないという電荷の保存則を、私は重要視したいと考えている。電荷にはプラスとマイナスの2種類があり、同種の電荷同士は反発し、異種の電荷は引き合うという、誰でも知っているこの原理により万物が成り立っているのだということを私は示したいと考えている。

第4章　光・電磁波理論

光理論

光の速度

光の研究は、古代ギリシャ時代にも行なわれていたが、光は無限の速さで伝わると考えられていた。1675年、デンマークの天文学者オーレ・クリステンセン・レーマー（1644-1710）は、木星の衛星を観測することにより、光が有限の速さで伝わることに気づき、初めて光速の測定に成功した。その値は、2.2×10^8 m／s というものであり、25％ほどの誤差があったが、光速が有限であることを示しただけでなく、その速度を測定したことでも有意義な成果であった。

1849年、フランスの物理学者アルマン・フィゾー（1819-1896）は、歯車の回転を利用して大気中の光速を測定し、地球上で初めて光速の測定に成功した。結果は、より精度の高い、3.12×10^8 m／s という値であった。

1850年、フランスの物理学者レオン・フーコー（1819-1868）は、回転する鏡を用いて短い距離で光速を測定することに成功し、さらに水中での光速の測定にも成功した。20世紀、フーコーの原理に従い測定精度は上げられ、現在真空内の光の速度 c = 299792.5 km／s（誤差 = ± 0.1 km／s）という値が得られている。ただし、一般的には、光の速度（真空内）は、約30万 km／s（3×10^8 m／s）とされている。

光の本質（粒子説と波動説）

光を不透明な物体に当てると影ができることから、光は直進するとされている。一方、光は光源が物体に隠れている所からでも届いているので、光は曲がって到達するともいえ、これは光の回折と呼ばれている。

アイザック・ニュートンは、太陽光をプリズム（三角柱の形をしたガラス）に通すと7色の光に分かれるのは、光がいろいろな色を持った小さな粒の集まりであると考え、光の粒子説を唱えた。光源から出た光の粒子はニュートンの力学法則に従って直進し、物体の近くに来ると、その引力により方向を変えるのだとして回折効果を説明した。

オランダの物理学者クリスチャン・ホイヘンス（1629-1695）は、光は水面の波のように空間を伝播していく波であると考え、光の波動説を唱えた。光源から光は、波面と呼ばれる同心円を描くように広がっていく。さらにこの波面上の各点を波源とする波が同心円を描き、この円の共通接線が次の波面になるように光が進むと考えたのである。この考え方を、ホイヘンスの原理という。第一の波面に垂直な線は、第二の波面にも垂直に交わり、この線が光線である。

17世紀、ニュートン力学の成功によりニュートンの名声は高く、18世紀まで光の粒子説が信じられていた。

19世紀になって、イギリスの眼と耳の専門医師トマス・ヤング（1773-1829）は、光と音を研究しているうちに、音の実体が波であるように、光も波ではないかと考えるようになり実験を行なった。

ヤングの干渉実験（二重スリット実験）

一つの光源から出た光をまず、最初のスリット（スリット1つの単スリット）に通し、その光を次のスリット（スリット2つの複スリット）に通すことにより、スクリーンにどのような模様が見られるかを実験で確かめた。

光が粒子であるならば、スクリーン上に2カ所の明るいスポットができるはずである。しかし、実際には明暗の縞模様がスクリーン上に並んだのである。これは波の干渉という性質で、粒子にはない波独特の性質である。

2つの波が重なったとき、以下のように重ね合わせの原理に従う。

2つの波の山と山が一致したときには、波の変位は大きくなって強め合い、一方の山と他方の谷が一致したときには、波の変位は相殺されて消えてしまう。

この実験結果により、光の波動説が復活した。光の反射の法則や屈折の法則も、ホイヘンスの原理により説明された。また光の回折も、ホイヘンスの原理に干渉現象を考慮に入れた、オーギュスタン・ジャン・フレネル（1788-1827）の回折理論により説明された。こうして、光は波動として理解されるようになったのである。

波の性質

波は、振動数（周波数）、波長、速度、振幅という4つの物理量を持っている。媒質を伝わる波の速度は、その媒質の性質で決まり、周波数や波長に関係なく一定である。

同じ波でも、光波は横波、音波は縦波である。

横波：波が伝わる方向に対して振動が垂直な波。

縦波：波が伝わっていく方向と振動の方向が同じ波。

音は、空気が振動し、空気の疎密が進んでいく疎密波（縦波）である。空気中を伝わる音（音波）の速度は、常温では秒速340mくらいで、これは媒質（空気）に対する速度である。

水の波が伝わるときは水が媒質となるが、光は真空中を伝わる。光が波であるなら媒質が必要であるが、19世紀までエーテルと名づけられた未知の媒質が想定されていた。光のエネルギーは、三次元の横波の形で空間を運動すると仮定される。横波において1点の運動は、上下に周期的なものであり、振動として知られている。

振動の周期（T）：1振動にかかる時間。

振動数（ν）　：1秒あたりの振動の回数、Tの逆数（1／T）。

波長（λ）　　：波の山と山、または谷と谷までの距離。

振幅　　　　　：波の振れの最大の高さまたは深さ。

波の速度 ＝ 振動数 × 波長　であり、光の速度cは、$c = \lambda \nu$ となる。
波長と振動数は反比例の関係にあり、波長が短いほど振動数は大きい。

偏光

光の振動は横波であり、波が伝わる方向に垂直であるが、振動方向が規則的で一定である光のことを偏光という。自然光では、振動方向に規則性がないが、偏光板を通すと一方向の振動だけになる。振動方向が一方向だけである光線を直線偏光という。振動が伝播に伴って円を描くものを円偏光といい、進行方向から光源方向を見た時に、回転方向が時計回りのもの（右円偏光）と反時計回りのもの（左円偏光）とがある。また、円偏光は角運動量をもつ。

光のスペクトル

太陽光のようにいろいろな色の光が混じったものを白色光という。白色光をプリズム（三角柱の形をしたガラス）に通すと、いろいろな光に分かれるが、この現象を光の分散といい、分かれた光の色の並びをスペクトルという。

赤、橙、黄、緑、青、藍、紫というように色が分かれるが、一番波長の長い（振動数が小さい）光が赤色（波長：780-630nm）で、波長が短くなるに従って黄色（波長：600-570nm）から青色（波長：500-450nm）になり、一番波長の短い（振動数が大きい）光が紫色（波長：450-380nm）である。これらの光は人の目に感じるので可視光という。

この範囲の外、つまり紫色よりも波長の短い光を紫外線、赤色よりも波長の長い光を赤外線という。

エーテル

音波は空気の振動であり、空気のない真空中は伝わらない。光は真空中も伝わるが、光が波であるなら振動を伝える媒質が必要である。1600年代、デカルトが、空間はエーテルと呼ばれる物質で満たされていると主張し、多くの人々に信じられてきた。光の波動説を支持した人々も、光はエーテルの振動であると主張していた。しかし、光と同じくらい速く振動するためには、エーテルは空気の4900億倍もの弾力がある弾性体でなくてはならず、また同時に、天体が抵抗を感じないで進むためには、空気の1億倍は希薄で、まったく実質がなく検出もできないようなものでなくてはならないと考えられた。

マイケルソンとモーリーの実験

ニュートン力学では、時間と空間は絶対的なものであり、光についても速度合成の法則が成り立つとされる。つまり、運動する物体から出た光の速度は、物体の運動方向により、その物体の速度の分だけ増減する。地球が太陽の周りを回るのに絶対静止エーテルの中を運動しているのなら、地球の運動する方向と、この運動に直角の方向とで、光の速度は異なるはずである。しかし、地球の動く速度（秒速約30km）は光速（秒速約30万km）に比べて非常に遅いので、光速度への影響は小さく、速度の差を見出すのは難しいと考えられた。

1887年、アメリカの物理学者アルバート・マイケルソン（1852-1931）とエドワード・W・モーリー（1838-1923）は、地球の運動する方向とそれに直角の方向とで、光の速さを比べるきわめて精密な実験を行なった。彼らは、マイケルソンが考案した装置（マイケルソン干渉計）を用いた。

45°に傾けた半透明の鏡を使って、1つの光を反射した光と透過した光がお互い垂直方向に進むように分け、それぞれ一定の距離を経た後に鏡で反射してもどってきた2つの光が、もう一度半透明な鏡を通って重ね合うようにした。2つの光を重ね合わせることによって生じる干渉を観測し、地球の運動に対する光の方向を変えて、波長のずれによる干渉縞（干渉によって生じる明暗の縞模様）の変化を見ようとしたのである。マイケルソン干渉計は回転できるようになっており、地球の運動に対して、いろいろ光の向きを変えて行なったが、実験結果は、干渉縞に変化は現れない、というものであった。

この実験結果は、すぐに受け入れられたわけではなく、エーテルの存在が否定されたわけではなかったが、1890年代には多くの物理学者がこの結果を受け入れ、大きな問題として認識されるようになった。そして、この結果に対する解釈はいろいろとなされた。

まず、地球がエーテルを引きずっている、というものであるが、それでは絶対静止しているエーテルという大前提が壊れてしまう。この解釈は、いくつかの実験結果からも完全に否定された。

アイルランドの物理学者ジョージ・フランシス・フィッツジェラルド（1851-1901）は、エーテル中を移動する全てのものは進行方向に対して短くなると考え、速度と短縮の関係式を導いた。彼は、エーテルの中を進行するモノサシはエーテルの圧力によって短縮し、速度が大きいほど短縮も大きくなる、と発表した。

このすぐ後、オランダの物理学者ヘンドリック・A・ローレンツ（1853-1928）も、同じ公式を導いたが、彼はまた、エーテルの風の影響で時間も同様に短縮すると予測した。運動する物体の縮みをローレンツ収縮というが、この考えと、時間の進み方も遅くなるという考えに立って、マイケルソンとモーリーの実験結果を説明しようとしたのである。これにより、実験結果の説明にはなるが、エーテルは存在するにもかかわらず、どんな観測者にも検知できないことになる。

1905年、アインシュタインは特殊相対性理論を発表し、絶対時間や絶対空間の概念を放棄すれば、エーテルの概念はいらなくなることを指摘している。同年、フランスの数学者アンリ・ポアンカレ（1854-1912）も同様の指摘をしたが、彼はこの問題を純粋に数学上のものと考えており、物理学的なものとしてのアインシュタインの理論を受け入れなかった。（相対性理論については、第6章で詳しく論じられる）。

電磁波理論

マクスウェルの方程式

1864年、マクスウェルは、電磁気現象が空間に広がる場に基づくという、電磁場の理論を発表した。これは、光の波動論を拡張したものであり、電気と磁気という二つの現象を統一する理論でもあった。マクスウェルの方程式から、磁場の変化により電場が生まれ、電場の変化により磁場が生まれ、この繰り返しにより電磁場は波となって空間を広がっていく。電場と磁場は互いに直交し、二つとも波の進行方向に垂直に振動する。このように電場と磁場が波の形になって進んでいく現象が電磁波である。

マクスウェルの方程式から波動方程式が得られるが、その方程式には電磁波が空間を伝わる速度が入っており、計算により得られた電磁波の伝わる速度は、当時既に知られていた光の速度にほぼ一致した。このことからマクスウェルは、光の正体は電磁波であることに気づき、光は電磁波の一種であると主張した。マクスウェルの方程式には、光（可視光）よりも波長が長い解と、波長が短い解もあり、当時知られていなかったものを予言していた。それは今日、電波、マイクロ波、赤外線、紫外線、X線、ガンマ線と呼ばれているものである。

マクスウェルの死後、1887年、ドイツのハインリッヒ・ヘルツ（1857-1894）が実験的に電磁波の存在を確認した。彼は、急速に電場を振動させることにより、可視光よりも波長の長い電波を作成し、電波が光の波と同様、反射したり屈折したりすることを示したのである。これにより、光が電磁波の一種であることが証明されたといえる。さらに1950年、マイクロ波の速度を測定することに成功し、マクスウェルの理論が正しいことが実証された。

電磁波の種類

電磁波は波長の違いにより名前が付けられており、波長の長いものから短いものに向かって以下に分類される。

電波、赤外線、可視光線、紫外線、X線、ガンマ線

波長の短いもの（周波数の高いもの）ほど、エネルギーが大きい。

電磁波のエネルギーは、宇宙論や素粒子論では、eV（エレクトロンボルト）という単位で表される。1eVとは、電子を1ボルトの電位差のもとで加速したときのエネルギーのことをいい、1.6×10^{-12} ergに相当する（1erg = 10^{-7} J）。

eV は絶対温度にも対応しており、1 eVは約1万2000 Kに相当する。

eV は質量を表す単位にも用いられ、1 eV = 1.8×10^{-34}グラムに換算される。

電波

波長0.1mm以上、周波数300万MHz（メガヘルツ）以下の電磁波。

エネルギー：0 ～ 1×10^{-3} eV

さまざまな通信手段に電波が用いられている。

その応用上の理由からさらに細かく分類されている。

マイクロ波：波長が0.1mmから1mの範囲

サブミリ波：波長0.1mm～1mm
ミリ波　　：波長1mm～1cm
センチ波　：波長1cm～10cm
極超短波　：波長10cm～1m

レーダー、電子レンジ、テレビや携帯電話などに利用されている。

超短波：波長1m～10m、テレビ、FMラジオ放送など
短波　：波長10m～100m、短波放送など
中波　：波長100m～1km、ラジオ放送
長波　：波長1km～10km、船舶や航空機航行用
超長波：波長10km～100km、船舶向け通信

赤外線

波長0.77μm～0.1mmの電磁波。

エネルギー：1×10^{-3} ～ 1.6 eV

温度を持つ全ての物体から放射される。

近赤外線：波長2.5μｍ以下のもの、リモコン、光ファイバー通信などに利用されている。

遠赤外線：波長25μｍ以上のもの、コタツ、電気コンロなどに利用されている。

可視光線

波長330nm～770nmで、人間の目が感知できる電磁波。

エネルギー：1.6 ～ 3 eV

紫外線

波長330nm以下の電磁波。

エネルギー：3 ～ 100 eV

物質を分解させたり化合させたりする作用があり、化学線ともよばれる。エネルギーが強く、殺菌能力があり、殺菌灯に利用されている。

X線

波長1nm以下の電磁波。

エネルギー：100 ～ 1×10^5 eV

1895年、ドイツの物理学者ヴィルヘルム・レントゲン（1845-1923）により発見された。紫外線よりさらに大きなエネルギーを持ち、物質を透過する性質を持つ。X線（レントゲン）写真やガンの治療（放射線療法）に利用されている。

ガンマ線

X線よりさらに短い波長の電磁波で、さらにエネルギーが大きい。

エネルギー：1×10^5 eV ～

原子核の崩壊で生じる。

1900年、ラジウム原子から放出される3つの放射線が発見され、アルファ（α）線、ベータ（β）線、ガンマ（γ）線と名づけられた。

（α線：ヘリウム原子核、β線：電子）

宇宙から地球に、ガンマ線から電波まで多くの種類の電磁波が降り注いでいる。可視光よりも波長の短い（エネルギーの大きな）電磁波は、地球の大気（オゾン層）に吸収され、地表までは届かないとされるが、近年、オゾン層の破壊が環境問題となっている。また、遠赤外線は、大気中の水蒸気により吸収されるため、地表まで届かないが、近赤外線や波長1cm～100mくらいの電波は、地表まで届く。

光電効果

光電効果とは、金属板に光を当てた時に電子が飛び出す現象である。この時、電子が飛び出すかどうかは光の強さではなく、その振動数に関係している。金属に波長の短い光（紫外線）を当てると電子が飛び出すが、波長の長い光（赤外線）を当てても全然飛び出さないのである。また、電子が飛び出す場合には、その量は当てた光の強さに比例する。光が波であることは間違いないが、そうすると光電効果を説明できない。

光量子論

1900年、ドイツの科学者マックス・プランク（1858-1947）は、エネルギー量子仮説を発表し、光が波と粒子の両方の性質を持つという考えを初めて提唱した。

1905年、アインシュタインは光量子論を発表した。彼は、光はその振動数に比例する特定のエネルギーを持った粒（量子）であると考え、光電効果の問題に適用した。すなわち、光の正体は波でもあり粒でもあるという性質を持つ光量子であり、波長の短い光は波長の長い光よりエネルギーが大きいと考えて、光電効果を正しく説明したのである。

光の粒（光量子）は、現在では光子（フォトン）とも呼ばれており、その運動エネルギーは、光を波として見たときの振動数に比例する。

光量子論の登場によって、電磁波は光子の集まりと考えることができるようになった。光の明るさは光子の数によって決まり、光子の数が多いほど明るく、少ないほど暗く見えるというように理解される。光の明るさを増しても、一個一個の光子の持つエネルギーは増えないので、赤色の光を明るくしても光電効果がみられないことの説明になるのだ。

光量子の考え方により、光が伝わるのに媒質（エーテル）はいらなくなった。量子論では、光とは何かの振動が伝わってくるのではなく、波それ自体が実体であるというように理解されている。

アインシュタインは同じ年に特殊相対性理論を発表し、光速度不変を原理とした。(相対性理論については第6章で、量子論については第7章で詳しく論じられる)。

著者の見解

光とは何か？　という問いに対し、マクスウェルは、電磁波（電場と磁場が波の形になって進んでいく現象）の一種であることを教えてくれた。しかし、光の媒質と考えられていたエーテルの存在は否定され、アインシュタインにより、光は波の性質を持つ粒子（光量子）であることが明らかになった。

可視光という言葉があるように、光は見ることができる電磁波ということになっている。しかし、一般の人の目に光はどのように見えているのだろうか？　私はあえて可視光線を、人間の目が感知できる電磁波と表現した。一般の人だけでなく、ニュートンやアインシュタインですら、真の光の本質が見えていたとは思えないからである。光は私たちの目の方向にやってくるものしか感知することはできない。いろいろな波長の電磁波も、それを感知できる受信器の方向に向かってくるものしか感知できない。目の前を横切っていても感知することはできないのだ。つまり、光は見えていないのである。

私は、宇宙において光は特別な存在だと理解している。光を正しく理解できない限り、宇宙の神秘を解き明かすことはできない。そのため、RM理論は光を目に見える形の物理的イメージで表すことから始まる。

私は後の章で、誰も見たことのない、実際には見えない、横から見た止まった光のイメージを示してみたいと考えている。

物理理論は数式で表されるのが一般的であり、計算により物理現象の未来を予測することを可能にする。しかし、数式で表された物理理論も、物理的イメージで表されていないものは万人に理解されることは難しい。数式は物理用語と同じく、物理現象を説明するために人間が作り出した道具であり、自然界は数式を必要としているわけではない。簡単な物理的イメージで説明できてこそ、万物理論として価値があるものであると私は考えている。

第５章　時間空間理論

時間論

時計（時間の測定法）

時間を測るために時計が利用される。古代の人々にとって天体の周期的な運動は、時計の役割を果たす重要なものであった。地球が自転する時間を1日として、太陽や月の動きから、暦が作られた。

太陰暦：月が地球を1周（公転）する時間を1月＝約29.5日とする。
1年は12ヶ月で354日、3年に1回閏月が必要である。

太陽暦：地球が太陽を一周（公転）する時間を1年＝約365.24日とする。
4年に1回閏年が必要である。

ローマ時代以降、西洋ではユリウス・カエサルが制定したユリウス暦が使用されていたが、1000年に8日のズレが生じていた。1582年、ローマ法王グレゴリオ13世がグレゴリオ暦を制定し、4年に1度の閏年の他に、100で割り切れて400で割り切れない年は閏年からはずすという規定を設けた。これによりズレは3000年に1日となった。日本は、1873年にグレゴリオ暦を採用した。

天体は観測できない時もあり、これを時計に使うには不都合も多い。太古の昔から、日時計や水時計により時刻を測っていたが、正確とは言えなかった。また、文明が発達するにつれ、正確に時間を測る必要性も出てきた。13世紀に作られた機械的な時計は、まだ不正確で使えるような物ではなかった。

16世紀にガリレオ・ガリレイは、振り子の等時性という法則を発見した。これは、振り子の振動の周期は振り子の長さで決まり、重りの重さや振幅の大きさによらないというものである。彼は、この原理が時計として使えることに気がついたが、発明には至らなかった。実際に振り子時計が作られたのは、17世紀になってからのことである。時計の動力として、ぜんまいを巻いて、そのほどける力を利用して歯車（時計の針）を廻していた。

1927年、カナダのウォーレン・マリソン（1896-1980）が水晶（クォーツ）時計を発明した。水晶の薄片に特定の周波数の電圧を加えると、薄片が非常に正確な周期で振動することを利用している。

時間の単位は、天体の運動など自然現象の中にある周期的な運動によって決められていたが、1972年、天文秒から原子時計によって決める原子秒に切り替えられた。原子秒の基準になるのは、セシウム133原子が放出する電磁波の周波数であり、この電磁波が、91億9263万1770回振動する時間を、1秒と定義している。

時間とは何か？

生物学的時間

生物の体内には時計の役割をする機能があり、体内時計と呼ばれている。哺乳類では、脳内の視床下部という所に体内時計があるらしい。地球の自転周期が生物に影響を与え、これが体内時計となる。

生物によって、心拍数や寿命が決まっている。

哲学的時間

古代ギリシャの哲学者アリストテレスは、時間は物事の順番を決めているものであると考えており、これが近世まで時間に対する考え方の基本であった。

1781年、ドイツの哲学者イマヌエル・カント（1724-1804）は、著作「純粋理性批判」の中で、宇宙に時間的始まりがあったかどうかを検討した。カントは、時間と空間を先験的な概念（経験する以前に誰もが既に頭の中に持っている絶対的なもの）であると考え、宇宙が永久に存在しようと宇宙に始まりがあろうと、時間は永久にさかのぼることができると考えていた。これに対し、聖アウグスチヌス（354-430）は、神が宇宙を創造された時に時間は始まったと考えていた。彼は、宇宙の始まる以前の時間という概念は意味が無いということを最初に指摘した人物として知られる。

物理学的時間

ニュートンは、時間と空間は物体が運動する入れ物であり、物体とは独立して存在すると考えた。そして物体の運動は、時間の変化に伴う位置の変化で表される。

ニュートン力学では、時間もまた絶対的である。

絶対時間：何物にも影響されず、それ自体で存在し、連続的に過去から未来に向けて、宇宙の至る所で同じ速さで進む時間。

相対時間：実際に私たちが測る時間。

エルンスト・マッハは、物質が無ければ時間は流れないし、時間自体も存在しないと主張した。ニュートンの絶対時間に対して、相対時間の考え方であり、アインシュタインに影響を与えた。

時間の流れ（時間の矢）

私たちは経験的に、過去から未来へという時間の流れを感じている。そして、この流れが逆に進まないことを当然のことと思っている。物理学ではこの流れを、時間の矢、と呼んでいるが、この流れが逆転することはあるのか？

物理学には、一方的な時間の向きを指定する基本的な法則はなく、数学的には過去と未来は同等である。可逆現象を対象とする物理法則は、時間反転に対して対称であり、これらの現象に時間の矢は存在しない。つまり、可逆現象であれば、ある現象が起こっても、その逆の現象が起こって元の状態に戻り、過去と未来の区別がつかなくなる可能性がある。時間が流れるためには、非可逆現象の存在が必要になる。また、ミクロな世界（原子や分子の運動）では、時間に方向は無いが、マクロな世界（多くの粒子が関与する現象）では、時間の方向（時間の矢）が現れる。

熱力学的時間の矢

熱力学の第２法則は、エントロピー増大の法則ともよばれ、時間の矢を表す。物理学では、実現される確率が低い状態のことを、エントロピーが低いと表現する。自然界に起きる現象は、エントロピーが低い状態から高い状態へと増大する方向が時間の矢の方向であり、その逆の方向には決して進まない。

波の時間の矢

水の波も電磁波の波も、広がっていく方向が時間の向かう方向、未来の方向である。

進化の時間の矢

進化は非可逆現象であり、時間的方向が決まっている。生物の進化だけでなく、自然現象や人間社会の中にも進化しているものが多くあり、進化という言葉がよく使われている。こうした進化の方向は、複雑な方向、情報量の増加する方向への変化といえる。

心理学的な時間の矢

意識の中にある時間の流れであり、人間の記憶と関係している。脳は、出来事の順番を覚えており、過去と未来を認識している。脳が意識する時間の流れは、情報（記憶）の量の増大する方向ともいわれる。

宇宙論的な時間の矢

宇宙はビッグバンと呼ばれる大爆発とともに誕生し、それ以後現在まで膨張が続いていると考えられている。この膨張がいつまで続くかはわかっていないが、今のところ、宇宙が膨張する方向が、宇宙論的時間の矢である。

誕生した頃の宇宙は、単純でエントロピーが小さかったが、時間とともにエントロピーが増大する方向に変化していると考えられる。
(宇宙論については、第9章で詳しく論じられる)。

アインシュタインの特殊相対性理論

1905年、アインシュタイン（1879-1955）は特殊相対性理論を発表し、ニュートンによる絶対時間の概念を否定した。この理論は、光の速度は、光源のあらゆる運動や、観測者の運動状態により変化しない、という光速度不変の原理と、どんな運動をしている観測者から見ても因果法則は変わらない、という相対性原理を基本原理としている。そのため、この理論では時間は相対的なものとなり、個人はそれぞれ独自の時間尺度を持っているが、その運動状態により時間の進み方が変わり、重力によっても時間の進み方が変わる。また、同時刻という概念も絶対性がなくなり、ある人にとって同時に起きたことが、別の人にとっては同時ではないこととなる。(相対性理論については、第6章で詳しく論じられる)。

空間論

古代ギリシャ哲学の考え方

ピタゴラス（B.C.582-496）

隣り合う物の間を隔てるものとして、空虚の存在を主張した。空気と区別されず、空間という概念がはっきりしていたわけではない。

パルメニデス（B.C.544-501）

有るものだけが存在し、空なるものはない、なぜなら、空は無であり、無は存在し得ないから、という一元論を主張した。

初期原子論哲学

レウキッポス（B.C.480-?）**デモクリトス**（B.C.460-370）

一元論に反対し、物質と空虚とが存在する二元論を唱えた。物質は空虚により境界づけられ、空虚は物質により境界づけられている。自然の複雑な運動を微小な原子（アトム）の運動の結果とした。

後期原子論哲学：ルクレティウス（B.C.94-55）

空間は、物体に対する無限の容器であり、果ても限界もない。空間は、連続的、均質的ではあるが等方的ではないと考えた。

プラトン（B.C.427-347）

水：正20面体、空気：正8面体、火：正4面体、土：正6面体

このように、元素にはそれぞれ決まった空間的構造があると考えた。

これら似ているもの同士が近くに落ち着き万物が形成され、空間そのものは未分化な状態にある物体の素材であると考えた。

アリストテレス（B.C.384-322）

空間は物体がある全ての場所の総和であり、物がない空虚な空間を認めない立場をとった。アリストテレスの空間も歪んだ空間で、場が存在する空間に似ている。

近代物理学の考え方

トリチェリ（1608-1647）

ガリレオ・ガリレイの弟子。1643年、水銀を入れた管を使った実験により真空を発見した（トリチェリの真空）。中世を通じて、真空を認めないアリストテレスの考え方が支配的であったが、この発見により、空虚の存在を認める絶対空間という概念がだんだん認められるようになった。

ニュートン（1643-1727）

空間とは、空っぽな入れ物である。空間は、均質で等方的であり、連続的で無限である。ユークリッド幾何学が成り立ち、図形を動かしても形や大きさは変わらない。

ニュートンは、絶対空間の考え方を支持した。

絶対空間：何物にも影響されず、それ自体で存在し続ける空間。

相対空間：物の位置を指定する場合など、何かある物に依存する空間。

ニュートン力学では、時間もまた絶対的であり、時間と空間とは互いに独立して無関係に存在する。外力が働かなければ物の運動状態は維持されるという、慣性の法則の概念を確立するために、絶対時間、絶対空間が必要だったのである。

ゴットフリート・ヴィルヘルム・ライプニッツ（1646-1716）

ドイツの哲学者、数学者、科学者で、ニュートンの時間と空間は幻に過ぎないと主張した。時間とは、現象あるいは物体の状態の発生する順序であり、空間とは、個々の物体の配列する順序であるとした。そして、自立的な存在である絶対空間と絶対時間の考えは、人間がつくった観念上の抽象に過ぎず誤りであると考えた。

ライプニッツは、時間は因果関係が存在するために必要な条件であり、何物かの変化を基準にしなければ時間を測れないので、全て相対時間であるとした。また、何物かを基準にしなければ物の位置は指定できないので、運動は全て相対運動であると考えた。

ライプニッツの空間は、ニュートンの空間のようにユークリッド幾何学が成立する必要性はなく、ライプニッツはいろいろな幾何学の可能性を考えていたが、非ユークリッド幾何学が作られたのは19世紀になってからである。

現代物理学の考え方

場の理論

場の考えは、電磁気学に始まる。ファラデーは、電磁気現象の原因が、物体自身にではなく、その周りの空間にあると考え、マクスウェルは、その考えを電磁気の場（電磁場）の理論として完成させた。

場とは、空間に連続的に広がっている物理的な量のことである。場が空間に広がっているという考え方は、空虚な空間という概念を無意味なものにする。

光や電磁波が無い所や電気や磁気の力が無い所でも、電磁気の場は存在する。場は、エーテルのような物体の振動ではなく、空間に存在する実体である。

アインシュタインの特殊相対性理論

静止したエーテルが宇宙に満ちているとすれば、それは絶対的な基準系として、ニュートン力学の基礎にある絶対空間であるとすることができる。しかしこれは、マイケルソン＝モーレーの実験と矛盾する。1904年、ローレンツは、この矛盾を解決し絶対空間の概念を成り立たせるために、ローレンツ収縮の考えを示した。これに対しアインシュタインは、まったく別の考えによる理論、特殊相対性理論を1905年に発表し、ニュートンの絶対時間と絶対空間の概念を否定した。光速度不変の原理により、時間と空間は相対的なものとなったのである。また、時間と空間は別々に存在するものではなく、結びついて時空として表されるようになった。

1908年、ドイツの数学者ヘルマン・ミンコフスキー（1864-1909）は、特殊相対性理論の時空を幾何学的に表現したミンコフスキー空間を考えた。ニュートンの絶対時間と絶対空間が別々の3次元と1次元であったのと違って、時間と空間とが結びついて1つの4次元時空をつくるものである。

アインシュタインの一般相対性理論

アインシュタインの特殊相対性理論は、等速直線運動をしている観測者を前提としていた。1915年、彼はどんな座標系に移っても基本的な物理法則は同じ形をしていて差が無いはずであると考え、重力を取り入れた、すなわち加速度を持つような座標系への変換も可能とするため、一般相対性理論を構築した。アインシュタインの一般相対性理論では、物質の存在により周りの空間は歪んでいることになる。

それ以前には、時間と空間は内部で起こっている出来事に影響されることはなく、永遠に続くと考えられていた。一般相対性理論では、時間と空間は、宇宙の中で起こる全てのことに影響し影響されるものとなった。そのため、宇宙の外にある時間と空間について語ることは意味が無くなったといえる。

アインシュタインの一般相対性理論に基づいて、最初の宇宙モデルが与えられ、宇宙論が発展していく。
(相対性理論については、第6章で詳しく論じられる)。

量子力学

一般に真空は空っぽの空間と考えられているが、量子力学によれば、重力場や電磁場など全ての場が厳密にゼロであることは有り得ない。なぜなら、場の強さとその時間的な変化の速さは、粒子の位置と速度に当たるものであり、不確定性原理により、このような2つの量を同時に正確に知ることはできないからだ。したがって、空っぽの空間でも場を厳密にゼロに固定しておくことはできず、場の強さの値にはある最小限の不確かさ、すなわち量子的ゆらぎが存在するとされる。このゆらぎは、いっしょに出現したり消滅し合ったりする、光あるいは重力の粒子の対と考えることができる。これらの問題は、場の量子論として、素粒子論とともに論じられるようになる。

量子論を取入れた宇宙論では、虚時間の考えが導入されている。時間を実数ではなく虚数（2乗すると負になる数）で測るというものである。

虚時間は、前向きと後ろ向きの方向の間に重大な差異が無いため、虚時間は空間の方向と区別できなくなり、時間と空間の区別が全く消えてしまう。これにより宇宙の始まりが特異点（無限大の密度と無限大の時空湾曲率を持つ点）では無くなるという。
（量子論、量子力学については、第7章で詳しく論じられる）。

量子重力理論

従来の重力理論である一般相対性理論では扱われていなかった、時空の量子力学的な効果を取り入れた理論であるが、完全なものはまだない。重力（一般相対性理論）と量子力学を統一しようという理論はいろいろ提案されているが、時間と空間についてそれぞれ違う扱われ方がなされている。

イタリアの物理学者カルロ・ロヴェッリ（1956～）は、ループ量子重力理論に基づいて、そもそも時間は存在せず、時間の流れを作り出しているのは私たち人間であると主張している。
（ループ量子重力理論については、第10章で詳しく論じられる）。

著者の見解

ニュートンの考え方が信じられていた頃、物質の動きに影響されない、本当に何もない絶対空間の中で、絶対時間が時を刻んでいた。時間の流れも何物にも影響されず常に一定で、速めることも遅らせることも勿論止めることもできない。時間と空間は全く別々に存在する概念であった。物理理論の世界では、この考え方は100年以上前にくつがえされているが、一般の人にとってはむしろこの考え方の方がなじみ深いものなのではないだろうか。

日常生活を送る上では、この考え方で問題はないが、宇宙を語る上では問題が生じた。このためアインシュタインは特殊相対性理論を発表し、時間と空間を時空として結びつけた。そして、光速度不変の原理により、時間と空間は絶対的なものではなくなり、観測者の状況により変化する相対的なものとなったのである。相対性理論については、次の第6章で詳しく論じられるが、ここで重要なことは、時間と空間を相対的なものとする代わりに、アインシュタインは光の速度を絶対的なものとしたことである。

これは何を意味するのか？

速度 = 距離÷時間　であり、光の速度 = 振動数×波長　であるから、時間は光の振動数により、空間はその時間に光が進む距離により決められるということである。つまり、時間と空間（時空）の時計と物差しは光であり、時空は光なくしては規定できなくなってしまったということである。宇宙において光が特別の存在であることが理解していただけただろうか。

アインシュタインはさらに、一般相対性理論を発表し、物質の存在により時空が歪むことを示した。これも次の第6章で詳しく論じられるが、ここで重要なことは、重力がニュートンのような物質同士に働く引力ではなく、空間の歪みそのものと表現されていることである。そして、アインシュタインは特殊相対性理論でエーテルを否定したはずなのに、一般相対性理論で時空に何か歪むようなものの存在を示唆した。つまり、電磁波の媒質は不要となったが、重力波を伝える媒質が必要になったのである。

後述する量子論や素粒子論では、統一されたはずの時間と空間は、また別々に論じられ、空間にはいろいろな場が存在し、それらを媒介するいろいろな粒子の存在が示される。そして、何もない無の空間から粒子が出現したり消えたりすることが当たり前のように論じられている。

私はこうした記述に違和感を覚える。現代物理理論ではあまり論じられない宇宙の外には何もない無の空間があるのかもしれないが、宇宙の中にある空間には何もない無の空間と呼べるところは無いと思えるのだが？　私たち人間に感知できないからといって、何も無い所から何かが生まれてくるという論理は、物理的保存則を無視しているようで私には理解できない。何も無いように思える所から、何かが生まれてくるように見えるという表現なら、まだ納得できる表現といえるかもしれないが・・・。

勘違いしないでほしいのは、物質の中にもすき間があり、そこには何かの粒子の間に粒子の無い空間があるのは事実である（だから粒子は動けるのだ）。そして、物質のほとんど無い真空と呼ばれる空間には、もっと広い粒子の無い空間があるのも事実である。しかし、その何も無いと思っている空間に、私たちの方に向かってこない光の粒子があったとしても、私たちには感知できないというのも事実である。

現代物理理論では、こうした何も無いと思われる空間に場が広がっているという考え方で説明がなされているが、電磁場を除いて現実に有りそうにない仮定の粒子や場が多く、納得できる説明とは言い難い。

RM理論では、こうした目に見えないものをイメージすることで、時空についてもよりわかりやすく理解できるようにしたいと考えている。

第6章　相対性理論

アインシュタインと相対性理論

アルバート・アインシュタイン（1879-1955）

1879年、電磁気学の祖マクスウェルが亡くなった年にアインシュタインは生まれた。彼は16歳の時、観測者が光の速度で光の進行方向に走ると仮定したら、光（電磁波）は静止して見えるのか？　という疑問を抱き、後に特殊相対性理論の考えに至り発表した。

学生時代のアインシュタインは、以下の様な特質があった。

権威に対する不服従

自ら証明しないことは受け入れない

広い範囲への興味

アインシュタインは、生涯を通して、真理は単純で美しくあるべきという信念を持ち続けた。

アインシュタインの有名な言葉とその真意

神は繊細だが悪意はない。

自然界の仕組みは難しいが、それを知ることは不可能ではない。

神はサイコロ遊びをしない。

自然界の仕組みに確率を持ち込むべきではない。

神は宇宙を創造するのに選択をしたか？

私たちの宇宙は唯一の選択肢であったのだろうか？

アインシュタインの功績

アインシュタインは、1905年に、「運動物体の電気力学について」という論文を発表した。これが、特殊相対性理論と呼ばれるものである。

1905年は、アインシュタインにとって奇跡の年と呼ばれ、特殊相対性理論以外に、光電効果を説明した光量子論に関する論文、分子の存在を理論的に示したブラウン運動に関する論文を発表している。ブラウン運動とは、1827年にスコットランドの植物学者ロバート・ブラウン（1773-1858）により発見された、花粉の微粒子が水中で不規則に動く現象のことである。

さらに1916年、アインシュタインは一般相対性理論を発表した。すなわち、相対性理論には特殊相対性理論と一般相対性理論の2種類がある。

アインシュタインは、相対性理論で成功を収めたのち、重力と電磁気力を統一することに残りの人生を費やしたが成功しなかった。

特殊相対性理論

アインシュタインは、光速度不変の原理と相対性原理を、特殊相対性理論の基礎とした。原理というのは、理論を構築するための前提であって、この原理から多くの定理や法則が証明されても原理そのものの真偽が証明されることはない。アインシュタインは、この2つの原理から特殊相対性理論を構築したのである。

光速度不変の原理

光速cは、光源の運動だけでなく、観測する人の運動状態にも関係なく一定である、という原理。

ニュートンによる力学の法則では、物体の速度は運動状態によって変化する。つまり、速度vで運動している人から見ると、同方向の光の速度は$c - v$、逆方向なら$c + v$と観測されるはずである。しかし、マクスウェルの方程式から、光が電磁波の一種であることが予言され、光の速度は誰が観測しても一定となることが示された。このため、この方程式は絶対静止系だけに成り立つものであるとされたが、絶対静止系はエーテルで満たされていると当時は考えられていた。そして、地球はこのエーテルの中を運動しており、ここで測定される光の速度は一定にならないはずであるが、マイケルソンとモーリーの精密な実験でも光の速度に変化は認められなかった。

この矛盾に対してアインシュタインは、光は常に、光を出す物体の運動状態によらない一定の速度で伝播するという、光速度不変の原理を掲げ、変化するのは時間や空間であると主張したのである。

相対性原理

相対性理論の考え方は、ガリレオ・ガリレイにまでさかのぼる。運動を記述するとき座標系を用いるが、運動法則はどの座標系からみても同じであり、絶対的な意味を持つ座標系はない。つまり、どの座標系も対等に扱われなければならず、力学法則は観測者が等速度運動していても影響されない、というのがガリレオの相対性原理である。

これは力学に限ってのことであったが、1895年、フランスの物理学者アンリ・ポアンカレは、電磁波である光に対しても同様のことが言えるとして、相対論を拡張した。観測者が静止していても等速度で運動していても、物理法則は同じでなくてはならない、というのがポアンカレの相対性原理であり、表現は似ているが内容はより広い範囲になっている。

等速直線運動をしている座標系は、慣性系と呼ばれる。特殊相対性理論で考える座標系は全て慣性系であり、座標系相互間の相対速度は方向も大きさも変化しない一定速度（等速直線運動）という特殊な場合を考えている。

地球上の観測者は、以下の運動をしている。

地球の自転：地軸を中心に回転する運動。

地球の公転：太陽の周りを周回する運動。

銀河の自転：銀河の中心を軸として回転する運動。

銀河間の相対運動：私たちの天の川銀河が、他の銀河と離れたり接近したりするような運動。

しかし、地球上の観測者は静止していると感じており、観測したデータに基づいて物理学を組み立てている。宇宙のどこででも成り立つ普遍的な物理学が存在するなら、それはどんな座標系ででも成り立たなければならない。

特殊相対性理論の構築

ニュートンの力学は、ガリレオの相対性原理を満たしている。しかし、電磁気現象にこの相対性原理を適用すると、光の速さで動く座標系から見て止まった光が見えることになるのであるが、マクスウェルにより完成された電磁気学では、光の速さはどんな座標系から見ても同じ速さであるとされ、実験でも確かめられていた。

運動は相対的であるはずなのに、光だけは絶対的な運動をする。光はニュートン力学の基本である速度合成の法則が成り立たず、観測する人の運動状態に関係なく、一定の速度と観測される。

そこでアインシュタインは、相対性原理が成り立つことと、光速度が一定であることを前提に相対性理論を組み立てたのである。この理論は電磁気学の修正は必要としなかったが、力学は変更を必要とした。ニュートン力学において時間を不変に保つ座標変換であるガリレイ変換に代わって、光速度を不変に保つ座標変換であるローレンツ変換を導入したのである。アインシュタインは、座標変換してもマクスウェルの電磁場の方程式が変わらないような変換法則を独自に導いたが、同じ法則をローレンツが1年前に発表していたため、ローレンツ変換と呼ばれている。

時間と空間の概念の変化

同時刻の相対性

空間の離れた2つの場所で物事が起こった場合、情報が伝わるのに時間がかかるため、判定者の運動状態によって物事が同時に起こったという判断が異なってくる。つまり、同時刻というものが座標系によって違ってくるのである。このため、ある人には2つの出来事が同時に見えるのに、運動する別の人には同時に見えない、ということが起こり得る。これを同時刻の相対性という。

長さの相対性

特殊相対性理論によれば、運動物体の長さは、運動方向に短縮する。

速さvで運動する物の長さは、静止している時より、$\sqrt{1-(v/c)^2}$倍短くなるのである（c：光速度)。これを、ローレンツ収縮とよぶ。収縮する割合は、時間が遅れる割合に等しい。

アイルランドのジョージ・フランシス・フィッツジェラルドやオランダのヘンドリック・ローレンツは、静止している観測者から見ると、エーテル中を一定の速さで直線運動している物体の進行方向の長さは一定の割合で短くなっていると考え、速度と短縮の関係式を導いた。

アインシュタインも同様の式を導いているが、その考え方はまるで違っていた。ローレンツは、全ての運動はエーテルに対して計測されるとしたのに対し、アインシュタインは絶対運動を否定した。つまり、エーテルの存在も否定した。ローレンツは、運動による長さの短縮に関する方程式を作っていたが、エーテルの圧力によりモノサシが短縮すると考えて方程式を作った。しかしアインシュタインは、エーテルに対する絶対的な運動ではなく、相対的な運動に対して同様の方程式を作ったのである。

時間の相対性

特殊相対性理論によれば、運動する物体上で進行する時間は遅れる。

速さvで運動する時計は静止している時計より、$\sqrt{1-(v/c)^2}$倍だけ遅れるのである（c：光速度)。

運動するものの時間の遅れの証拠として、素粒子ミューオンの時間の遅れがある。宇宙線が地球の大気にある原子とぶつかるとミューオンという素粒子ができる。ミューオンは不安定で壊れやすく、100万分の1秒で3分の1が壊れて電子になり、同じ時間でまた3分の１が壊れていく。このため、通常なら地上で観測できないはずであるが、光速度くらいの速さで運動しているため、200倍も寿命が延び、かなりの量が観測されている。

時間が絶対的でなくなったことから、タイムトラベルを考える人もいる。

(タイムトラベルについては、第9章で詳しく論じられる)。

光速は宇宙の最高速度

ある静止系に対して、速度uで運動している物体から、速度vで物体を発射した場合、静止系から見たその物体の速度Vは、ニュートン力学では、ガリレイ変換により、$V = u + v$ である。

これに対し、ローレンツ変換を使ってアインシュタインが導いた速度合成の公式は、$V = u + v \,/\, 1 + uv / c^2$（c：光速度）となり、これは光速を越えることはない。この関係式は、高エネルギー加速器による素粒子の実験で正しいことが確認されている。

特殊相対性理論はまた、物質の質量が速度とともに増加することを予言しており、これも加速器を使った実験で確認されている。光速で運動する物体の質量は無限大となり、加速度はゼロとなる。

これらのことから、特殊相対性理論は、いかなる物体も光速より速く運動することはできないことを示している。光の粒子（光子）は、静止質量のない粒子と考えられており、いかなる物質も光速を越えることはできないのである。

ミンコフスキー空間

ニュートン力学では、時間と空間はそれぞれ独立した絶対的なものであり、絶対時間と絶対空間が別々の1次元と3次元であった。これに対し特殊相対性理論では、時間と空間を切り離して考えることはできないとされ、3次元の空間と時間がいっしょになって4次元の空間（時空）をつくる。

アインシュタインの大学時代の先生であるミンコフスキーは、これを幾何学的に表現したミンコフスキー空間を考えた。4次元時空を2次元平面に描き出すのは難しいので、上下の方向を時間軸とし、2次元空間を加えて3次元時空とした時空図が用いられる。時空を平面図で表すと、直角三角形となりピタゴラスの定理が成り立つ。

光速cが、45度の傾きとして表されるように設定した時空図を、ミンコフスキー・ダイアグラムという。また、ミンコフスキー・ダイアグラム上に何かの運動を表した線を、世界線という。ミンコフスキー・ダイアグラムを3次元で表すと、光の世界線で囲まれた領域は円錐形となっており、これらを光円錐という。光速より速く運動することはできないので、原点で起こった事象は、この光円錐の範囲に入る。原点より下側の領域は過去光円錐、上側の領域は未来光円錐と呼ばれ、この範囲内では因果関係が成り立ち、起こった事象は影響を及ぼし得る。

3次元の空間にある2点間の距離をsで表し、X、Y、Z軸の距離をx、y、zで表すと、ピタゴラスの定理から以下の式が成り立つ。

$$s^2 = x^2 + y^2 + z^2$$

これが成り立つためには、空間が均質、一様、等方性でユークリッド幾何学が成り立つような空間（ユークリッド空間）であることが前提となる。

4次元時空での2つの点での距離は、次の式で定義される。

（4次元の距離）^{2} ＝（空間的距離）^{2} − c^2（時間）^{2} （c：光速度）

つまり、ミンコフスキー空間では以下の式が成り立つ。

$$s^2 = x^2 + y^2 + z^2 - c^2t^2 \quad （c：光速度、t：時間）$$

光速度と同じく、時空の距離も不変なものである。

質量とエネルギー

1905年以前、自然界には質量保存則とエネルギー保存則という2つの根本原理があると考えられていたが、特殊相対性理論では、質量とエネルギーが互いに変換されるもの（等価）であることが示された。これにより、質量だけの保存則やエネルギーだけの保存則は成り立たず、保存されるのは質量とエネルギーの総和であり、2つを合わせた質量－エネルギー保存の法則が成り立つという結果が得られる。

エネルギーと質量の関係式

$E = mc^2$

（E：物質が持つエネルギー、m：物質の静止質量、c：光速度）

通常この式は、物質の質量が電磁放射に変換されるような場合に、どれくらいのエネルギーが生じるかを計算するときに使われる。この式から、物質は質量に光速の２乗をかけた膨大なエネルギーを潜在的に持っているという結論が導かれ、核分裂や核融合のエネルギーを説明することができる。ウラン原子核の分裂により、もとの質量よりわずかに減少した質量が大量のエネルギーとなって放出されることがこの式から導かれる。これにより、原子爆弾や原子力エネルギーが開発された。

逆に、$m = E / c^2$ の式から、エネルギーが質量に変換されることになり、変換されるエネルギーは運動エネルギーだけではなく、化学エネルギー、熱エネルギー、核エネルギー、さらにはポテンシャルエネルギーを含む、あらゆるタイプのエネルギーが質量に成り得ることがわかっている。

動いている物質の質量とエネルギー

物質の質量は、静止時と動いている時とで異なるため、以下で表される。

動いている物質の質量 ＝ $m / \sqrt{1-(v/c)^2}$

動いている物質のエネルギー　$E = mc^2 / \sqrt{1-(v/c)^2}$

（m：静止時の質量、v：物質の速度、c：光速度）

動いている物体は止まっている時より、質量（重さ）が増える。エネルギーを、速度を増やすために使おうとすると、質量が増える結果となり、通常の物体は光速よりも速く動くことができない。高速運動に伴う質量の増加は、素粒子加速器の実験で日常的に起こっている。光、あるいはその他の固有の質量を持たない波だけが光速で動くことができる。

一般相対性理論

特殊相対性理論は、等速直線運動をしている慣性系だけに成り立つ理論である。加速度運動は相対的な運動ではないため、ガリレオの相対性原理が成り立たない。アインシュタインは、加速度運動する観測者の立場も考えた理論の必要性から、一般相対性理論を考えた。

特殊相対性理論は、観測者が等速直線運動をしているという特殊な場合にのみ成り立つ理論であるのに対し、一般相対性理論は観測者が加速度運動をしている場合にも成り立つ理論であり、どんな運動系でも運動法則は同じであるという理論といえる。

一般相対性理論は、等価原理と一般相対性原理とから構成される。

等価原理

1907年、アインシュタインは、加速度による効果と重力による効果は区別できない、という等価原理を発見した。

アインシュタインは思考実験で、自然落下するエレベーターを考えた。この中では、人や物は床から浮いた状態（無重力系）で、重力が全くない場合の現象と同じであると考えられる。逆に、エレベーターを何らかの力で引っぱって重力加速度と同じくらい加速させると、加速度運動をしている座標系でみえる現象は、重力がかかった場合の現象と同等であると考えられる。

アインシュタインは、加速度運動をしている時に感じる力（慣性力）と重力が同じものと仮定した。これが、等価原理である。

質量には、重力質量と慣性質量の2つがある。重力質量は、重力加速を引き起こす質量であり、万有引力、重力、重さなどに現れる。慣性質量は力に抵抗する質量であり、運動に対する抵抗の大小を表す。

ニュートン力学では、慣性質量は空っぽの宇宙に一個だけ物体を置いた場合の性質であり、重力質量は物体の系が持つ性質とされていた。ニュートンの理論では、重力質量と慣性質量が一致する理由が説明できず、重い物体と軽い物体とが同じ速度で落下する理由を完全には説明できない。

1896年、ハンガリーの物理学者ローランド・フォン・エートヴェシュ（1848-1919）らは、ねじり秤の精密な実験を行って、10のマイナス8乗という高い精度で、この2つの質量が等しいことを検証した。1964年、ロバート・ディッケ（1916-1997）らにより、10のマイナス11乗という精度で両者の一致が確認された。

エルンスト・マッハによれば、物体の慣性質量は、ある物体の系における互いの加速によって決まるとされる。アインシュタインは、マッハの影響を強く受けたとされ、一般相対性理論は重力と加速度運動で生じる力との等価性を基本的根本原理にしているが、この実験結果から重力質量と慣性質量とが等価であることが示されたといえる。

一般相対性原理

一般相対性原理とは、全ての座標系で物理法則は同じ形式で表されるというものである。

加速しているものも含め、物理法則は座標系に依存せず、いかなる座標系においても、その形式が保存されなければならない。一般座標変換（時空間の各点の座標を自由に入れ換えてしまうこと）、すなわち任意の座標変換に対して基本方程式がその形を変えないことが求められる。これを、一般共変の原理といい、一般相対性理論は、この原理を土台の一つにしているのである。

重力場の方程式

ニュートンの万有引力の法則で、重力は無限大の速度で瞬時に働く力とされていた。しかしこれは、光速度を越えるものは存在しないとする特殊相対性理論と矛盾するため、アインシュタインは相対論的な重力理論を考えたのである。

1915年、スイスの数学者マーセル・グロスマン（1878-1936）との共同研究により、重力を時空の曲がりとして数式化した重力場の方程式が完成した。これが、一般相対性理論である。

$R_{\mu\nu} - 1/2\, g_{\mu\nu} R = 8\pi G T_{\mu\nu} / c^4$

アインシュタイン方程式（重力場の方程式）の左辺は時空の歪み（曲がり具合)、すなわち重力場を表し、右辺は物質の持つエネルギー、すなわち粒子、電磁場、その他時空の中に存在する全てのもののエネルギーを表している。つまり物質が持つエネルギー（質量）の大きさにより、時空がどれほど曲がるかが決まるというもので、これには、曲がった空間での幾何学を扱うリーマン幾何学が使われている。

幾何学には以下の3種類がある。

1．平面の幾何学（ユークリッド幾何学、曲率はゼロ）
紀元前300年頃、ギリシャの幾何学者エウクレイデス（ユークリッド）が、いくつかの基本公理からなる幾何学の法則をまとめて書き記した（幾何学原論)。
三角形の内角の和は180度、直線上にない一点を通り、直線に平行な直線は一つである。

2．非ユークリッド幾何学（楕円幾何学、正の曲率の幾何学）
ドイツの数学者ゲオルグ・フリードリッヒ・ベルンハルト・リーマン（1826-1866）が発見した、球の表面のように曲がった面の上で作られる幾何学。
三角形の内角の和は180度より大きく、直線上にない一点を通る平行線を引くことはできない。
リーマンは、現実の空間の曲がり方は物質の分布によると考え、また、空間の曲がり方を表す曲率を導入した。
リーマンはその他、三次元の幾何学、四次元の幾何学、より次元が高いところでの幾何学も考えた。そしてさらに曲率が一定でない場合も研究した。

３．非ユークリッド幾何学（双曲幾何学、負の曲率の幾何学）
ドイツ生まれの数学者ヨハン・カール・フリードリッヒ・ガウス（1777-1855）が、現実の空間ではユークリッド幾何学が成り立っていない可能性に初めて気づき、非ユークリッド幾何学と命名した。
ロシアのニコライ・ロバチェフスキー（1792-1856）とハンガリーのヤノス・ボヤイ（1802-1860）が独立に発見した、馬の鞍のような面の上での幾何学。
三角形の内角の和は180度より小さく、直線上にない一点を通る平行線は無数に引くことができる。

一般相対性理論において、アインシュタインは重力による時空のゆがみを、非ユークリッド幾何学（リーマン幾何学）を基礎として定式化したが、それに加え、ガウスが編み出した計量テンソルという概念も採り入れた。計量テンソルは、時空内における無限小の距離を決め、そこから歪んだ時空の幾何を表す格子が導かれる。アインシュタインは、質量が空間を曲げることを示し、質量が大きくなるほど曲がり具合も大きくなるとした。

これをイメージするために、ゴムのシートにいろいろな重さのボールを乗せ、その曲がり具合から質量の大きさを表す図がよく用いられる。そのそばにビー玉をのせるとボールの方に向かって転がるが、これはボールが引き寄せているのではなく、シートが曲がっているからだと解釈される。この時物体が通る軌道は、四次元時空の二点を結ぶ最短線（測地線）である。

$E = mc^2$から、エネルギーは質量と等価なので、エネルギーも質量と同じく時空を曲げることになるが、これらがどうして時空を曲げるのかについて、その根本的な理由はわかっていない。

アインシュタインの重力理論は、物質の存在によって時空の曲率が決まるという考え方を基礎としている。一般相対性理論は、それまで別々に扱われていた物質と時空とが相互に関係するものであるとして、時空と物質とを統一した理論であるといえる。そして、ニュートンが未解決としていた問題に答えを与えた。すなわち、重力は、物質が持っている性質により生じるのではなく、時空の歪みによるのだという解釈である。また、重力は遠く離れた2つの物体間に瞬時に働く遠隔作用ではなく、時空を媒介とする近接作用によるという解釈である。

アインシュタインの一般相対性理論に基づいて、最初の宇宙モデルが与えられ、宇宙論が発展していく。(宇宙論については、第9章で詳しく論じられる)。

一般相対性理論の検証

重力により光が曲がる

アインシュタインは思考実験で、加速度運動するエレベータに入射する光は、曲線(放物線)を描いて進むことから、等価原理により、重力場では光が曲がるはずであると予言した。

ピエール・ド・フェルマー(1607-1665)が発見したフェルマーの原理によれば、光は2点間の最短距離を進む(平面幾何学でいえば、直進する)。矛盾するようだが、アインシュタインが導き出した結論は、重力場では空間自身が曲がり、それに沿って光が直進するため、曲がって観察されるというものである。光線も時空の測地線(2つの離れた点を結ぶ局所的に最短な線)を進むのである。

アインシュタインは、一般相対性理論を検証する方法として、太陽により星の光がどれくらい曲がるかを計算し、日食の時に星がずれた位置に観測されることを予測した。1919年、この予言は皆既日食の際に、イギリスの天文学者アーサー・パウエル・エディントン(1882-1944)により確認された。しかし、この確証実験に対しては批判的な精査が加えられ、疑問を投げかける人もいた。その後、光の湾曲は重力レンズという現象としても多く観測されており、より精度の高い観測により、一般相対性理論の予測は正しいことが確認されている。

水星の軌道の近日点移動

アインシュタインのもう一つの予測は、水星の軌道の近日点（太陽に最も近づく点）が変化する割合である。水星は楕円軌道を描いて太陽の周りを回っているが、平坦な空間では近日点は変化しないことになっている。そのため、ニュートンの理論ではこの現象を説明できず、これを説明するために未知の惑星の存在が推測され、これを発見する努力がなされていた。一方、空間が歪んでいると、楕円の向きが回転し、近日点の位置も変化することになる。1年間に0.43秒角（1秒角は、1度の3600分の1の角度）ではあるが、近日点の移動が確かめられている。アインシュタインの方程式で計算すると、近日点が移動する計測値と一致した。これによってもアインシュタインの方程式が正しいことが検証されたのである。

重力による光のエネルギーの減少

一般相対性理論は、重力の強いところを上昇する光のエネルギーが減る（波長が伸びる）、という現象も提案している。重力の大きい天体から出てくる光は赤方偏移していることが確認されているが、他の天文学的要因との区別が難しい。そのため、実験室内で地球重力を用いて検証がなされ確認された。

重力による時間の遅れ

特殊相対性理論では、運動しているものは時間が遅れるが、一般相対性理論では、物質が存在すると（重力が働くと）時間が遅れる。重力が強くなればなるほど時間の遅れは大きくなると、一般相対性理論は予言している。この重力による時間の遅れも原子時計により確認されている。

時間の遅れに関して、双子のパラドックス、という問題がある。宇宙旅行をして地球に帰還した兄と、地球に残って待っていた弟では、どちらが年をとっているかという問題である。等速直線運動の場合、運動は相対的でどちらが運動しているかわからないといえるが、地球に残った弟に対し、宇宙船に乗って宇宙旅行をした兄は、出発時と目的地から折り返す時に加速度運動をするので、兄の方が時間が遅れるというのが正解である。

ブラックホール

一般相対性理論は星の一生の最終段階に重力崩壊が起こり、ブラックホールが形成されることを予測している。ブラックホールは重力がとても強いため、光も脱出できなくなる。このため直接観測することはできないが、強い重力による周囲への影響から間接的にその存在が確認されている。重力レンズ効果による光の進路の曲がりや、物質が落ち込んでいく時に出すX線やガンマ線を観測することにより推定できるのだ。

間接的にしか観測できなかったブラックホールであるが、2019年、国際観測プロジェクト、イベント・ホライズン・テレスコープが、史上初のブラックホールの写真を発表した。世界中の8か所にある電波望遠鏡の電磁波を、スーパーコンピューターで解析し、画像に変換したものらしい。地球サイズの一つの超巨大望遠鏡のような分解能が得られ、その解析の正確さは議論があるというが、その画像は、かなりの程度、一般相対性理論に合致するものだという。

(ブラックホールについては、第9章で詳しく論じられる)

重力波

アインシュタインは、一般相対性理論構築のあと、重力場の振動が波として伝わることを予言し、重力波の概念を導入した。重力の大きい物体が運動すると、周辺の時空の歪みも時間変動し、波となって周辺に伝わっていくと考えられ、それが重力波と呼ばれるものである。重力場のもとになる物体が運動すると、時空が振動して重力波が生まれるのだ。

一般相対性理論の方程式を解くことで重力波の解が得られるが、アインシュタインは、この方程式を近似を施して解き、重力波の伝播速度は光速度であるという結果を得た。重力波は横波であり、伝播する方向に対して垂直な方向に、時空の距離が伸び縮みする。しかし、電磁波とは異なり、時空の歪みが潮汐力（重力が働くとき、一方を引き伸ばし、それと垂直な方向を圧縮するような力）と同様の効果をもたらしながら伝わっていく。その振幅は、おおよそ物体の質量に比例し、その運動の速度の2乗に比例する。つまりこれは、物体の運動エネルギーに比例することを意味している。また、観測される重力波の振幅は、発生源からの距離に反比例し、生成される重力波の周波数は、発生源が運動する周波数の倍になるという。

重力物体は重力波を放射することでエネルギーを失い、重力波は伝播することでそれに対応するエネルギーを運ぶ。重力波のエネルギーはとても小さな量であるため、アインシュタインは、重力波の検出は無理だろうと考えていたようである。

中性子星は強い磁場を持ち、高速で自転しているために電磁波を出しており、パルサーと呼ばれている。また、中性子星は質量が大きく、その周りは時空がゆがんでいる。パルサーが連星となった連星パルサーがお互いの周りを公転すると、周囲の時空のゆがみが変化して波のように伝わる。これが重力波である。この連星パルサーの観測から、その軌道周期が変化しているのが明らかとなり、連星パルサーが重力波を放出することによって公転エネルギーを失うため、軌道半径が小さくなっているものと考えられた。実際、この軌道変化の値は一般相対性理論から予測される値と一致するものであったため、重力波の存在が間接的にではあるが証明されたといえる。

重力波の直接観測に最初に挑戦したのは、アメリカの物理学者ジョセフ・ウェーバー（1919-2000）で、1960年代に共振型重力波検出器（物体の振動を利用して重力波をとらえようというもの）の開発を進め、1969年に重力波の検出に成功したと発表したが、その後の検証で否定された。

1970年代には、レーザー干渉計を用いた重力波望遠鏡が考案された。この原理の基本は、エーテルの存在を確認するために行なわれた、マイケルソンとモーリーの実験で用いられた干渉計と同じものである。ただし、マイケルソン干渉計では固定されていた反射鏡を、時空に浮かべておく必要があるが、地球上でそれはできないので、振り子によって吊り下げられている。これにより、重力波の効果で動くようになり、重力波信号をとらえることができるようになるのである。

レーザー干渉計は、原理的に広い観測周波数を持ち、重力波の波形を知ることも可能であり、また、信号と雑音を区別することも可能である。しかし、重力波の信号は微弱であり、雑音と区別して信号をとらえるには常に困難がつきまとう。いろいろな雑音源を除去していった結果、最終的に感度を決める原理的な雑音源は、光の量子雑音、熱雑音、地面振動雑音の3つになるという。これらの影響を避けるのは難しいが、軽減する努力がなされている。レーザー干渉計は指向性が弱く、ほぼどの方向からやってきた重力波もとらえることができるが、どちらからやってきたのかわからないということでもある。そのため、地球上の遠く離れた場所に複数台のレーザー干渉計を用意し、それぞれで重力波を検出した時間の差から、方向を知ることができるようにしている。

電磁波観測など、他の手法で追観測を行なうことも重要である。重力波信号と電磁波やニュートリノの信号が、同時刻に同じ方向から届いたことが確認できれば、重力波検出の証拠になる。重力波は電磁波に比べ、物質との相互作用が小さく透過力が強いが、重力波のエネルギーは距離の2乗に反比例して減るため検出は難しい。しかし、これを利用して天体までの距離を求めることができる。電磁波による観測では、宇宙が電磁波に対して晴れ上がった宇宙誕生後約38万年以降の宇宙の姿しか見ることができないが、重力波は物質の透過力が強いため、誕生直後の重力波が観測される可能性がある。連星ブラックホールも重力波の発生源と考えられているが、連星中性子星のようにパルサーとして電磁波で観測することができず、重力波以外の方法で観測することができないため、重力波の観測が重要となる。

2016年2月、アメリカのレーザー干渉計重力波天文台LIGO（ライゴ）が、連星ブラックホールが合体して1つのブラックホールが生まれる際に放出された重力波の検出に成功した（2015年9月）、ということが発表された。重力波の直接観測に初めて成功したということには、大きく2つの意義がある。一般相対性理論の予言が100年を経てついに検証されたという意義と、人類が重力波という宇宙を観測する新たな手段（重力波天文学）を手に入れたということの意義である。日本でも、大型低温重力波望遠鏡（KAGRA）が建設され、観測が始まっている。

ブラックホールの衝突、中性子星の衝突や合体、超新星爆発などによって起きた重力波は、時間とともに進む波であり、その波が地球を通り過ぎればイベントとしては終わりである。しかし、これを観測することにより、ブラックホールの形成、銀河の形成などの手がかりを知る可能性がある。

重力波の観測の究極の目標は、宇宙の始まりを直接観測することにあるとされる。原始重力波は、宇宙の初期に放射された重力波のことを意味し、宇宙マイクロ波背景放射のように、宇宙のあらゆる方向からやってきて、宇宙背景重力波と呼ばれる定在波となっていると考えられている。その背景重力波の観測は、宇宙初期のインフレーション膨張の時の時空自体のゆらぎを観測していることになるので、これが見つかれば宇宙誕生時の様子を理解できる可能性がある。

地球上での重力波望遠鏡の感度を上げる計画と、地上で問題になる地面振動雑音（重力勾配雑音）による低周波数の雑音をなくする宇宙重力波望遠鏡の計画が進められており、原始重力波の観測が期待されている。

著者の見解

アインシュタインの亡くなった年に私は生まれた。それを知ったのは30歳を過ぎてからのことであり、それまでの私は、自分は一体何者なんだろうと自問しながら生きていた。勿論、同じ年に生まれた人は世界中にたくさんいる。今の時代、輪廻転生を信じる人は少ないかもしれない。しかし、アインシュタインの学生時代の特質や真理へのこだわりは、私にも共通しており、医学を専門にしながら物理理論にずっと興味を持ち続けてきたことから、何らかの因果を感じずにはいられない。

アインシュタインは、光（電磁波）は静止して見えるか？　という疑問に対し、静止した光など有り得ないという考えから、特殊相対性理論の構築を行なったとされる。これに対して私は、静止した光の粒子をイメージすることからRM理論の構築を行なった。これは、光速度で動く座標系から見て静止した光を見るという意味ではなくて、思考の中で時間を止めることにより静止した光をイメージするということである。

絶対時間や絶対空間というニュートンの考え方に慣れた人たちには、アインシュタインの相対時間や相対空間、それらをまとめた時空という概念は理解しにくいかもしれない。しかし、私もニュートン力学に慣れ親しんだ人間の一人ではあるが、特殊相対性理論は観測による裏付けもあり、論理的にも筋が通っていることから、万物理論を考える上で基礎になる理論であると考えている。

ニュートンの万有引力の法則も、ゆるぎない地位を確立している理論であり、通常の状況では問題なく機能し、正しいと信じられている理論である。この考え方に慣れた人たちには、アインシュタインの重力理論（一般相対性理論）も理解しにくいものかもしれない。質量やエネルギーがどうして時空を曲げるのか？　曲がる時空ってどのようなものなのか？　こういった疑問に対してわかりやすい説明がなされることが必要と考える。

一般相対性理論では、物質の質量（重力）はなぜだかわからないが時空を曲げ、曲がった時空に沿って光が進むため、重力により光が曲がると解釈されている。質量（重力）が時空や光に力を及ぼすというふうには説明されていない。ニュートンの重力が物質同士に働く引力であったのに対し、アインシュタインの重力は、時空や光にも働く力なのではないか、そしてこの力は引力と斥力の両方を合わせ持つ力なのではないかと私は考えている。なぜなら、そうでないと電磁気力と重力を統一する万物理論にたどり着くのが難しいと思えるからである（電磁気力と重力を統一できると仮定するなら）。

それはともかく、一般相対性理論もその予測の多くが検証され、正しいと信じられている理論の一つである。一般相対性理論が予測するブラックホールについては、それが直接的に検証されるまでもなく、RM理論でイメージできる現象であるため、私はその存在を信じていた。しかし、重力波については、それが直接観測されたというニュースを聞いても、最初は懐疑的であった（納得するまでは信じないのが私の流儀なので）。それは、私のイメージしていた時空と重力波というものが、なかなか結びつきにくいものであったためである。ところが、重力波に関する本を呼んでみて、その説得力に圧倒されてしまった。理論よりも実験結果が重んじられている現代科学においても、私は、筋の通った納得のいく理論の方を重んじている。不完全な理論に基づいた実験結果や、正しいと思われる（正しいかどうかわからないが正しいと信じられている）理論を証明するような実験結果は、捏造を招き、真理を追求する上で邪魔になることもあると考えているからである。

重力波の検出は、充分私を納得させるものであったが、ここで重力波に関する私の疑問を述べてみたいと思う。光（電磁波）は、波であり粒子であると理解されており、実際に届いているのは光量子（光子）である。発生源で起こった振動だけが、媒質を伝わって届いているのではなく、発生した光の粒子がはるばる宇宙空間を旅して届いているのである。それでは、重力波は時空のゆがみに伴う波が届いているだけなのか、それとも電磁波のように、エネルギーを持つ重力量子（重力子）のようなものが届いているのか？（ここでいう重力子は、素粒子論で重力を媒介する重力子とは区別して考えたい）。

一般相対性理論は、量子論を取り入れておらず、アインシュタインは量子論に反対していたので、重力波は時空の振動が波として伝わっているものであると考えていたのだろう。しかし、波であるなら媒質が必要であるし、その媒質の存在を証明しなければならなくなるのではないのか？　時空が歪んでいると言葉で言うのは簡単だが、その歪みを波として伝えることができる媒質はどのようなものであるべきなのか？　重力波も電磁波（光子）のようにエネルギーを運ぶとされているが、現代の重力波研究が量子論を取り入れたものであるとするなら、重力量子の存在を証明することが必要ではないのか？　しかし、これは非常に難しいことであると考えられるので、それがどのようなものであるべきかを説明する納得のいく理論の構築が必要であろう。

第7章　量子論、量子力学

量子論の始まり

黒体放射

物体に熱を加え、ある温度以上になると物体から光（電磁波）が発せられるようになる。20世紀になるまで、この熱放射と呼ばれる現象の実験結果に対して、これを正しく説明する理論はなかった。

1859年、ハイデルベルクの物理学者グスタフ・キルヒホッフ（1824-1887）は、物質は自分が発する光と同じ波長の光を吸収するということを発見した。つまり、いろいろな光を吸収できる黒の物体（黒体）は、いろいろな光を出せるということになる。

1893年、ドイツの物理学者ヴィルヘルム・ヴィーン（1864-1928）は、物体が発する光のうち最も強い光の波長は、その時の温度に反比例するという法則を発見した。彼の法則は、物体の温度を上げると出てくる光は波長の短い色に変わるという経験的観測に合っていたが、波長の組成まではわからなかった。ヴィーンは、小さい穴をあけた黒の箱を使って黒体とし、そこから出る光を調べた。そして、温度と出てくる光の波長との関係を、ボルツマンの気体分子運動論の考えにならい導いた。しかし、ヴィーンの公式は、波長の短い光の強さの分布をよく説明していたが、長い波長についてはうまくいかなかったので、青の公式と呼ばれている。

イギリスの物理学者レーレイ卿（ジョン・ウィリアム・ストラット：1842-1919）は、黒の箱にある光は振動している波の集まりであると考え、波に対するエネルギーの分配則から公式を導いた。しかし、この公式は、長い波長の部分はうまく説明できたが、短い波長の部分ではうまくいかなかったので、赤の公式と呼ばれている。

エネルギー量子仮説

1900年、量子論の創始者といわれるドイツのマックス・プランクは、この問題に対してエネルギー量子仮説を提唱した。これは、光がやりとりするエネルギーは単位量が決まっていて、その整数倍のエネルギーしかやりとりできず、そのエネルギーは振動数に比例（波長に反比例）するというものである。彼はこの比例定数を、hで表した。

(プランク定数h：6.626×10^{-34} ジュール・秒)

すなわち、光を波ではなく、不連続なエネルギーを持つ粒子と考えることにより、物体の温度と光のスペクトルの関係を理論的に説明するアイデアを提案したのである。プランクが導いた公式は、あらゆる波長の光において、黒の箱の実験結果を説明できた。プランクによる自然現象にある不連続性という発想は、量子仮説と呼ばれ、量子という概念の出発点であったが、彼自身も含め、まだその重要さは認識されてはいなかった。

光電効果

光電効果とは、金属板に光を当てた時に電子が飛び出す現象である。光電現象には以下に示す2つの特徴がある。

1）電子が飛び出すかどうかは、照射する光の強さではなく、振動数に関係する。一定の振動数以下の光では電子は飛び出さないが、それ以上の振動数の光では飛び出す電子の数は光の強さに比例して増す。

2）一定の振動数以上の光を当てると、飛び出す電子のエネルギーは振動数に比例して増す。

当時、光の波動説が主流であったが、この現象は光を波だと考えると説明できない。

アインシュタインの光量子論

光に代表される電磁波は、それ自体が量子でできているとする理論。

アインシュタインは、光を振動数に比例したエネルギーの粒である光量子と考えることにより、この光電効果を説明した。

振動数νの光は、エネルギーｈν を持つ光の粒である。

Ｅ ＝ ｈν（h：プランク定数）

そして、光の強さはその粒の量（数）に比例する。

光は電磁波であると同時に粒子でもあるという性質を持つ光量子である。ニュートンは光の粒子説を唱えていたが、ニュートンの考えた光の粒子はニュートン力学に従う質点のような粒であったのに対し、アインシュタインの光量子（光子）は、高い振動数では粒のように、低い振動数では波のようになる二重性格を持つというのである。

光量子論は当初、あまり相手にされなかったが、1916年、アメリカの物理学者ロバート・ミリカン（1868-1953）が光電効果を精密に測定し、アインシュタインが予測した通りの結果を得た。

さらに1923年、アメリカの物理学者アーサー・コンプトン（1892-1962）により、アインシュタインの光量子仮説を決定的なものとする実験が行われた。コンプトンはＸ線を波と考えると説明できないような現象を発見し、その現象をアインシュタインの光量子説を用いて説明した。光が、波でもあり粒でもあるという二重の性質を持つことを実証したのである。これにより、光量子と電子が粒子として衝突する現象をコンプトン効果という。ただし光の粒（光子）は物質粒子ではないので、エネルギーを持っているが、質量はゼロである。

原子論

古代ギリシャのデモクリトスは、宇宙は原子（アトム）というそれ以上分割できない粒子と、原子の運動する空虚な空間から成り立っているとする説を唱えた。

19世紀初め、イギリスの科学者ジョン・ドルトンが、純粋な物質（元素）の数と同じだけの種類の小さな粒子、すなわち原子（アトム）が存在するという原子説を唱えた。そして、ドルトンは、化合物が常に一定の比率で生成されるという事実は、原子がグループにまとめられて分子と呼ばれる単位をつくることで説明できると指摘した。

原子のスペクトル

19世紀の中頃、ドイツの物理学者ユリウス・プリュッカー（1801-1868）とハインリッヒ・ガイスラー（1814-1879）により、放電管が考えられた。そして、帯スペクトルは分子の出す光、線スペクトルは原子の出す光というように知識が蓄積されていった。

1884年、スイスの物理学者ヨハン・ヤコブ・バルマー（1825-1898）は、真空放電させた水素の線スペクトルの中に現れる4つの可視光線、赤、青、藍、紫の間に簡単な関係があることに気づき、4つの光の波長の比の数列で表した（バルマー系列）。バルマーの数列は、スウェーデンの物理学者ヨハネス・リュードベリ（1854-1919）により、波長のかわりに振動数の比を作ることでより洗練された。この数列は、水素の別の系列や、水素以外の原子のスペクトルにも使えることがわかった。

原子モデル

1897年、イギリスの物理学者トムソンが電子を発見し、電子が全ての物質（原子）に含まれていることがわかると、原子の構造に関心が向けられることとなった。

1904年、トムソンは原子のスイカ模型を発表し、大きな球状の果肉の部分が正電気を帯び、その中に電子が種のように散らばって存在するイメージで原子を描いた。電子同士の反発力と果肉からの引っ張る力とが加わって、その釣り合う位置として電子は同心円の上に並び、それぞれの円上には限られた数の電子しかいられないことが計算でわかった。これでメンデレーエフの周期表を説明できるようであったが、この原子モデルでは電子が出す光は線スペクトルにならなかった。

同じ年、日本の物理学者、長岡半太郎（1865-1950）が原子の土星モデルを提案した。これは、重いプラスの電気が原子の中心に集まってあり、電子がその周囲を回っているというものである。電子が円軌道からずれれば振動して光を出し、その振動数に応じて光は線スペクトルになるはずだ。しかし、反発するはずの正電荷同士が中心に集まると仮定するには無理があり、また、周期表については何も言えなかった。

ラザフォードの散乱実験

1899年、イギリスの物理学者アーネスト・ラザフォード（1971-1937）は、ウランから2種類の放射線が出ていることを発見し、アルファ線、ベータ線と名づけた。

1907年、ラザフォードは、どちらの原子モデルが正しいかを調べるため、プラスの電荷を持つアルファ粒子（ヘリウム原子核）を薄い金属膜の原子に打ち込む実験を行った。結果として、大半のアルファ粒子は初めの進路に近い方向に進み素通りするが、わずかなものだけは大きな角度で曲げられ跳ね返ってくるものがあった。これは、土星モデルのようにプラスの電荷が中心のごく小さな領域に集中していると考えなければ説明できないものであった。

原子の中心部は原子の質量の大部分を占めるが、その大きさは原子に比べてかなり小さいもの（計算により10000分の1くらい）で、ラザフォードはこれを原子核と名づけた。そして彼は、電子が太陽を公転する惑星のように、原子核の周りを回っているのだと考え、1911年、太陽系型の原子モデルを提唱した。これにより原子が最も基本的な粒子ではないことがわかった。

しかし、長岡やラザフォードのモデルでも問題点があった。電磁気理論からすれば、電気を帯びた粒子（電子）が円運動をするだけでも光を出す。そうすると電子はエネルギーを失うので、電子は同じ円軌道を描くことができず、原子核に落ちていってしまうことになるのだ。また、電子が外の円から内の円に連続的に移るとすると、放出する光は線スペクトルにはならない。古典力学では、なぜ特定の軌道上だけを運動するのかは説明できなかった。

ボーアの原子構造論

1913年、デンマークの物理学者ニールス・ボーア（1885-1962）により、水素原子構造の模型が提唱された。

ボーアは、バルマー系列の関係式を見て、ラザフォードの原子モデルの改良を思いつき、以下の仮定に基づいて原子モデルを提案したのである。

1）原子の中で電子は決められた円軌道上だけを動き、その円軌道の半径は、電子の持つ角運動量の量子化により定められた、とびとびの値のものだけに限られる。

2）この軌道上を回転運動している時には、電子は光を出さず定常状態にある。

3）電子が1つの軌道から別の軌道に移る時（遷移）、電子は光を出したり吸収したりし、その光のエネルギーは、2つの軌道を回っている時のそれぞれの電子のエネルギーの差に相当する。

仮定1）にある条件は、ボーアの量子条件と呼ばれる。

$$r = nh / 2\pi mv$$

（r：電子の軌道半径、π：円周率、m：電子の質量、v：電子の速度、n：整数、h：プランク定数）

電子が最も内側（n＝1）の軌道を回っている時にエネルギー状態は最低になり、最も安定で、水素原子全体は基底状態にあるという。

この量子条件のおかげで、電子は原子核に落ち込まない。

仮定3）から、原子が放つ光の振動数についての関係式は、ボーアの振動数条件と呼ばれる。

$$\nu = Eb - Ea / h$$

（ν：電子が出す光の振動数、Eb,Ea：電子がｎ＝ｂ、ｎ＝ａの軌道にいる時のエネルギー、ｈ：プランク定数）

電子が外側軌道にいくほど、電子の持つエネルギーの値は大きくなり、水素原子は励起状態にあるという。

ボーアの原子モデルは、円周上にある電子のエネルギーは円の半径に反比例するというバルマーの公式に当てはまり、水素原子の線スペクトルも説明できた。

量子力学の誕生

物質波

1923年、光が波でもあり粒子でもあるというアインシュタインの光量子仮説がコンプトンにより実証された年、フランスの物理学者ルイ・ド・ブロイ（1892-1987）が、物質波（ド・ブロイ波）の理論を提唱し、電子のような物質の粒子はある種の波のような側面を持っていると主張した。そして、電子の波長の整数倍が電子の軌道の円周の長さになっているというのが、ボーアの量子条件であると説明した。

この物質の波の波長は物質の運動量に反比例し、次式で与えられる。

$$\lambda = h / P$$

（h：プランク定数、Ｐ：粒子の運動量）

電子の速度、つまり運動量を増すことにより、電子の波長はＸ線の波長とほぼ等しい長さ（0.1nm程度）になる。1927年、アメリカの物理学者クリントン・デヴィソン（1881-1958）とレスター・ガーマー（1896-1971）は、金属の薄膜に電子線を当てることにより、Ｘ線と同様な回折の縞を観測することに成功した。

電子は、質量も電気も持っていて、明らかに粒子であるが、波としての性質も持つことが確認されたのである。光の干渉縞を観察するダブルスリットの通過実験を電子で行なってみると、同じように干渉稿が出現することが確認されている。これは、多くの電子が集団で波としての性質を示すのではなく、１個１個の電子が波としての性質を持つのである。電子に限らずあらゆる粒子は、波の性質を持っており、この波を物質波と呼び、物質波の波長をド・ブロイ波長という。

光子

電磁波である光が、粒子として扱われる時、光子と呼ばれる。

光子の運動量は、Ｐ ＝ ｈ／λにより定義することができる。

1901年、ロシアの物理学者ピョートル・レーベデフ（1866-1912）は光の圧力（光圧）を測定することに成功した。光子の運動量が光圧の原因であり、光圧は、反射の時、吸収の時の2倍になる。

光波の強さは、その時にそこに光子が存在する確率を表す。量子論には、光子の経路という概念は存在せず、それは波動理論により記述されるべきもので、検出器で観測されることにより存在が確認されるものである。

量子論では、偏光の現象も確率の考えにより説明される。

電子の量子数

リチウム、ナトリウム、カリウムといったアルカリ金属は、価電子と呼ばれる1個の電子がゆるく結びつけられており、わずかのエネルギーで1価の陽イオンになりやすい性質を持っている。アルカリ金属のスペクトル線を詳しくみると、水素の場合と違っており、ボーアの理論では説明できなかった。価電子がエネルギーの異なる軌道へ移る際に、出したり吸収したりする光のスペクトルは、赤外、可視、近紫外の領域であるが、その他の電子が出す光はＸ線である。

1925年、ジョージ・ウーレンベック（1900-1988）とサミュエル・ゴーズミット（1902-1978）は、アルカリ金属原子のスペクトル線に二重線が現れることの説明として、電子を点ではなく空間的に広がった物体と考え、電子がスピンするとした。つまり、軸に対して右まわりと左まわりとに自転する2つの電子があることにより二重線が現れると考えたのである。

電子には質量、単位電気量以外にスピンという性質が加わった。電子には、とびとびの値を示すものが４種類あり、まとめて量子数と呼ぶ。主量子数（軌道半径)、方位量子数（軌道の形)、磁気量子数（軌道の向き)、スピン量子数（回転の向き）である。これら４つの量子数の値によって原子内の電子の状態が決まる。

パウリの排他原理

1925年、オーストリア出身の物理学者ヴォルフガング・パウリ（1900-1958）は、パウリの排他原理と呼ばれる重要な法則を発表した。それは、1つの原子の中に電子が複数存在する場合、それらの電子はお互い４つの量子数のうち少なくとも１つは他の電子と異なっているというものである。

この排他原理によると、$n=1$（最も内側）の軌道には電子が座る席は2つしかなく、一般にnの軌道には$2n^2$個の席があることになっている。複数の電子が1つの軌道に入る場合、その時点でスピン以外の量子数の組み合わせが1通りに決まってしまうので、スピンが違っていなければならない。そして、電子が取れるスピンは、上向きスピンか下向きスピンかの2通りしかないので、１つの電子軌道に入れる電子は、互いにスピンが逆の2つだけである。

パウリの排他原理により、あらゆる原子の中の電子の軌道を説明することができる。

原子の結合

量子論により、元素が周期表のように並ぶ意味、原子同士が結びついて分子を作ったり、分子同士が結びついたりする様子なども説明できるようになった。

原子で分子が作られる仕組みは2つある。

イオン結合：原子が一部の電子を放出したり吸収したりして正、負のイオンになり、電気的な力で結びつくもの。

共有結合　：中性原子のまま結びついて分子をつくるもの。

イオン結合は古典理論でも説明がつくが、共有結合は量子力学でないと説明がつかない。化学における原子の結合の手は、量子力学では右まきの電子と左まきの電子の対ということになる。

原子の構造

最初に中性子の存在を予想したのはラザフォードであったが、誰も信じていなかった。1932年、イギリスの物理学者ジェームズ・チャドウィック（1891-1974）が中性子を発見した。中性子は、陽子とほとんど同じ質量を持った電気的に中性な素粒子である。この発見により、ドイツの物理学者ヴェルナー・ハイゼンベルク（1901-1976）は、原子核が陽子と中性子とから構成されるという新理論を発表した。

1934年、イタリアの物理学者エンリコ・フェルミ（1901-1954）は、元素に中性子を加えると、より重い元素ができることを発見した。

その後の原子物理学の発展により原子の構造が明らかになっていく。

原子は、正の電気を持つ原子核と、その周りを回っている、負の電気を持つ電子からなる。

原子の直径は、約10^{-10} mで、原子核の大きさは、約10^{-15} m（原子の10万分の1）くらいである。

原子核の中には、正の電荷を持つ陽子と、電気的に中性の中性子があり、その電荷は原子核内にある陽子のプラス電荷を足し合わせたものである。陽子と中性子は電気的な性質以外はそっくりであり、核子とよばれる。

電子は小さく点状粒子のように振る舞うが、質量はある。

陽子の質量は電子の質量の約1836倍である。
（電子の質量：9.11×10^{-31} kg、陽子の質量：1.67×10^{-27} kg）
中性子の質量は、電子の約1839倍であり、陽子よりもやや重い。
原子核内の陽子の数と同数の電子を捕獲して中性の原子を作っているが、この陽子や電子の数を原子番号という。また、陽子と中性子の総数を質量数といい、原子番号が同じで質量数が違う原子同士は、同位元素と呼ばれる。

波動関数

1926年、オーストリアの物理学者アーウィン・シュレディンガー（1887-1961）は、ド・ブロイが提唱した物質波の伝わり方を計算する方程式（シュレディンガーの波動方程式）を発表した。この方程式で、波動関数Ψ（プサイ）は、特定の時刻と場所において、物質波の振幅がどれだけあるかを表す関数である。また、波動関数は実数ではなく、複素数（2乗するとマイナスになる虚数を含んだもの）で表されていた。

シュレディンガーの方程式を解けば、物質波の形やその波の伝わり方が計算できる。しかも、水素原子だけでなく、もっと複雑な原子の電子についても計算できた。しかし、複素数で表された波動関数の意味を理解するのは難しいことであった。

これと同じ年、ヴェルナー・ハイゼンベルク（1901-1976）が別の数学（行列）を使い数式を仕上げた。このためハイゼンベルクの理論は、行列力学と呼ばれ、シュレディンガーの理論は、波動力学とも呼ばれている。この2つの理論は全く違う型式であったにもかかわらず、いろいろな問題に同じ答えを与えた。

量子力学以前は、光は波、電子は粒子と考えられていたが、量子という概念が言われ出してから、光も電子も波であり粒子であると考えられるようになった。ド・ブロイやシュレディンガーは電子波の存在を信じていたが、ハイゼンベルクらはそれを否定していた。

両者の論争の仲裁役としてドイツの物理学者マックス・ボルン（1882-

1970）は、電子の波は我々の知識の不確かさを表すものだと主張し、波動関数の確率解釈を唱えた。その後、行列力学と波動力学が数学的に同等な理論の違った表現であることがわかった。行列力学は量子の世界を粒子の側面からとらえ、波動力学は量子の世界を波の面からとらえている。

ニュートン力学が生まれて約200年後、原子のようなミクロの世界を支配する力学、量子力学が誕生したのである。

量子力学の発展

波動関数の確率解釈

1926年、シュレディンガー方程式が発表された年に、ボルンは、波動関数Ψの値の絶対値を２乗したものは、電子がその場所で発見される確率に比例するという説を提唱した。これを、波動関数の確率解釈という。複素数で表される波動関数Ψが物理的に何を表しているかについては考える必要はないという考えである。

ボーアの水素原子モデルでは電子を古典物理学的な粒子として扱っていたので、電子の軌道という言葉が使われていたが、量子力学では電子の軌道などわからず、電子の位置は確率でしか表せない。

この確率解釈は、波と粒子の二重性の説明に利用される。デンマークの首都コペンハーゲンに研究所があったボーアらのグループは、我々が見ていない時だけ電子は波のように広がっており、観測してみると収縮して粒子がある位置に見つかるという考えを提唱した。どの位置に収縮するかは、波動関数の確率解釈を用いるというのだ。この考え方を、コペンハーゲン解釈といい、電子が様々な場所にいる状態が重ね合わさっている（状態の重ね合わせ）と考えるものである。

ボーアの相補性原理

ボーアはまた、相補性原理と呼ばれるものを提唱した。たとえば電子について、粒子として観測する装置を使えば粒子的性質が見え、波として観測する装置を使えば波動的性質が見える。どちらの記述も正しく、それらは相補的であると主張したのである。これは、ミクロな世界に対しては量子力学を、マクロな世界に対しては古典力学を適用する考え方でもある。この原理によれば、光の波と粒子という2つの性質は、お互い相容れないものではなく補足し合っている性質であり、その両方がそろって初めて、光というものが完全に理解されるというのだ。

ノイマンの解釈

ハンガリー出身の数学者ジョン・フォン・ノイマン（1903-1957）は、ボーアが主張する古典力学と量子力学の二重性に対して、自然界の出来事は本来、1つの基本法則で記述されるべきであるという立場を取った。1932年、ノイマンは、「量子力学の数学的基礎」という本を書き、観測された瞬間の波の収縮をシュレディンガー方程式から数学的に導くことは原理的に不可能であることを示した。そして、観測による波の収縮は、物理世界ではなく、装置で得られたデータを人間が最終的に認識する際に起こると結論づけた。

ファインマンの経路積分法

アメリカの物理学者リチャード・ファインマン（1918-1988）は、経路積分法を導入し、波動と粒子の二重性をわかりやすく理解させるやり方を示した。古典的な理論では、粒子は時空の中に単一の経路しか持っていないが、経路積分法の場合、粒子は考え得る全ての経路をたどる。それぞれの経路には一対の数が結びついており、1つは波の大きさに対応し、もう1つは波の位相（周期の中での山か谷かという位置）を表す。全ての経路の波を加えることで、始点から終点に行く確率が求められる。ファインマンの方法で計算した結果は波動関数の結果と一致し、実験と一致する。

決定論

量子論によれば、自然は観測することによって初めて決まるものであり、観測するまでは何も決まっていないことになる。状態の重ね合わせと呼ばれるように、測定するまでは、粒子は同時にいろいろな状態に有り得るというのだ。そして実際に測定が行なわれると、粒子はある1つの状態に収縮させられることになり、量子力学はその状態が他の状態より観測されやすいということを教えるだけだというのである。

ボルンが波動関数の確率解釈を提唱した時、アインシュタインは、「神様はサイコロを振らない」という言葉で反対の意を表明した。

アインシュタインだけでなく、シュレディンガー、ド・ブロイ、プランク等も確率解釈に反対した。彼らは、物理学は決定論であるべきであると考えており、確率を持ち込むとそうでなくなるという考えからである。決定論とは、物理法則に基づいて自然現象の未来は１つに決まるという考え方である。

ニュートンは、自身の力学法則や引力の法則により、宇宙のあらゆる出来事が予測できると考えていた。フランスの数学者ピエール・シモン・ラプラス（1749-1827）は、ある時点の宇宙の完全な状態がわかれば、人間の行動も含め、科学法則により宇宙に起こる全てのことを予測できるはずだと考えていた。古典力学では、将来の出来事を全部予知できる超人が考えられ、ラプラスの悪魔と呼ばれているが、量子力学の世界ではそれは不可能であると考えられている。

1931年、数学者クルト・ゲーデル（1906-1978）は、不完全定理を証明し、現代数学でも解くことのできない問題があることを示した。量子論の分野ではないが、数学においても真偽を確定することができないような命題が存在することが証明されたのである。決定論的な考え方を捨てなければ、量子論を正しく理解することはできないかもしれない。

シュレディンガーの猫

シュレディンガーは、シュレディンガー方程式の波動関数Ψが、実在する物質波の実在する量を表すと確信しており、人間の観測によらない普遍的な事柄の存在を信じていた。

1935年、シュレディンガーは、シュレディンガーの猫と呼ばれる有名な思考実験により、量子論の矛盾を表現した。

密閉した箱の中に猫を入れ、その箱の中の猫が触れない場所に青酸カリの小瓶を置いておく。別に、1時間の間にアルファ粒子を出すか出さないかぐらいの量の、ラジウムを入れたガイガー計数管を用意する。アルファ粒子が飛び出すと、計数管に放電が起こり、それが増幅されて小槌を動かし、青酸カリの小瓶を割るという仕掛けをするのだ。1時間後、箱を開けてみれば、猫は生きているのか、死んでいるのかのどちらかに決定できるが、量子力学では観測するまでは、確率によって統計上猫は死んでも生きてもいない状態として仮定されている。半分死んでいる猫など有り得ないのに、そういう結論しか得られない量子力学に疑問を投げかけているのである。

小石を投げる場合、力学法則を用いれば小石の運動は予測できる。量子力学の対象となるものではこのような予測はできないが、これは因果法則が成り立たないということではない。放射性元素の原子核や、不安定な素粒子の自然崩壊の現象では、我々の知識が不十分だからではなく、いつ崩壊するかはまったく予知できない。予知できるのは、崩壊が起こる確率である。そのため、シュレディンガーの猫の生死も確率でしか予測できない。同じ装置をたくさん作れば、猫が死んでいる確率は量子力学が予測する結果となるだろう。

多世界解釈

シュレディンガーの猫のようなパラドックスを解決する方法として、多世界解釈（エヴェレット解釈）という考え方がある。これは、1957年にアメリカのヒュー・エヴェレット（1930-1982）が著した「パラレルワールド論（並行宇宙論）」がもとになっている。この理論では、宇宙は誕生以来、量子論の確率に従っていくつもの宇宙に枝分かれして存在し、私たちのいる宇宙はその1つだと考える。多世界解釈では、観測者自身もそれぞれ別の世界に分かれて存在し、どの世界にいるかの確率は波動関数の確率解釈を用いるという。

多世界解釈では、コペンハーゲン解釈における基本的な要素である波の収縮を起こっていないものとしている。また、コペンハーゲン解釈では、1個の電子の中でいろいろな状態が重ね合わさっていると考えるのに対し、多世界解釈では、電子は多数の世界に同時に存在していると考える。

多世界解釈によりパラドックスをうまく説明できるようであるが、多数の世界は互いに孤立しており、同時に存在する世界を科学的に証明することはできないようである。

現在でも、量子論の主流はコペンハーゲン解釈であるが、この解釈問題はまだ決着されてはいない。

EPRパラドックス

1935年、アインシュタインは、観測する前にはそれらは存在しないという量子力学の考えに反対し、アメリカ出身の物理学者ネーザン・ローゼン（1909-1995)、ロシア出身の物理学者ボリス・ポドルスキー（1896-1966）とともに、「物理的現実の量子力学的記述は完全であろうか？」という論文を発表し、量子力学の欠点を指摘した。これは、3人の頭文字を取って、EPRパラドックスと呼ばれている。

アインシュタインは、この論文の中で、二つの電子が衝突した後、それぞれ別な方向にはるか遠くまで飛び離れたとする思考実験を行なった。片方の電子の運動量や位置を測れば、もう片方の電子に影響することなく、運動量や位置を決定できる。これは、直接に計測しない限り現実ではないとするコペンハーゲン解釈と矛盾するものである。この思考実験の結果は、局所因果律の崩壊か、量子理論が不完全か、のどちらかを示している。局所因果律とは、遠く離れたところで生じている事象はお互いに影響を与えない、というものである。これらのパラドックスについて、何年も議論が行なわれた。

アインシュタインの死後、1965年、CERN（欧州原子核研究機構）のジョン・スチュワート・ベル（1928-1990）は、量子力学を検討し直し、方程式を不等式の形に書き直した。量子力学には、1度影響を与え合ったことのある2つの粒子は、その後、いくらお互いの距離が離れても、永久に関連が途切れないという関係（量子もつれ）があり、量子力学が正しければ、ベルの不等式は成り立っていないというのである。

これに対する検証実験が行なわれ、最初はうまくいかなかったが、1983年、フランスの物理学者アラン・アスペ（1947〜）が、量子力学が正しいことを示した。つまりこの結果は、十分離れた粒子同士が瞬間的に情報を交換することが可能であること（量子もつれがあること）を示しており、局所因果律を崩壊させ、光速より速く情報交換することは不可能とする相対性理論を否定することにつながりかねないため、多くの科学者にショックを与えた。

しかし、片方の粒子の測定が他の粒子の状態に影響を及ぼしていないため、光速を越える情報伝達ではなく、相対性理論に反してはいないことに現在ではなっている。量子力学では、2つの粒子の状態は分離せずセットで考えるべきものであり、一方の粒子を測定するまで、他方の粒子の状態も決まっていないことが実験で確認されている。

不確定性原理

量子論以前の考え方では、実在する粒子なら位置や運動量の値は、原理的に特定することができると考えられていた。

1927年、ハイゼンベルクは、ミクロの物質の位置と運動量を測定しようとしても、その両方を同時に１つの値に確定することはできず、不確かさが必ず残るという理論、不確定性原理を発表した。

ハイゼンベルクは、位置の不確かさと運動量の不確かさの間には反比例の関係があり、2つの積はプランク定数よりも小さくできないという関係を以下の式で示した。

$\Delta x \times \Delta p \geqq h$

（Δx：位置の不確かさの幅、Δp：運動量の不確かさの幅、
h：プランク定数）

この式は、シュレディンガー方程式から導かれるという。

この不確定性は、測定が正確にできないという意味ではなく、人間の観測行為にかかわらず、ミクロの世界には不確定性が存在しているということである。

時間とエネルギーについても不確定の関係があることを、ボーアは仮想的な時計の装置を考えることにより示した。すなわち、エネルギーの不確定性と時間の不確定性とは反比例の関係にあり、2つの積はプランク定数よりも大きくなる。

$\Delta E \times \Delta T \geqq h$

（ΔE：エネルギーの不確かさの幅、ΔT：時間の不確かさの幅、
h：プランク定数）

ボーアが考えた原子モデルでは、原子核の周りを軌道を描いて電子が回っている図が書かれているが、量子力学では電子は原子核の外側のどこにあるという確率で示される波しか考えられない。

量子力学の不確定性に対しても、アインシュタインは最後まで反対した。

トンネル効果

量子論により説明される現象としてトンネル効果がある。トンネル効果とは、ミクロの粒子が通常は越えることができない壁を、トンネルを抜けるように時々通り抜けてしまう現象をいう。実際、エネルギーの低い電子が膜を通り抜けるという現象がある。これは、電子が波としての性質を持つため、電子が膜の内と外にいる状態が重ね合わさっており、

電子が膜の外で見つかる可能性もあると説明できる。
　電子のトンネル効果を使うと、トンネル電流と呼ばれる非常に弱い電流を発生させることができる。さらに、これを応用した走査型トンネル顕微鏡を使うことにより、原子の観察や、原子を操作する原子レベルでの加工技術が実現できるという。これが、ナノテクノロジーと呼ばれる量子論を用いた究極の技術である。

量子力学の問題点とその後の発展

　量子力学はミクロの世界を記述するのに成功を収めたが、相対性理論の要請を満たしておらず、光子の吸収、放出や、高エネルギーでの反応における素粒子の生成のような現象を記述できないなどの問題点が指摘されていた。

相対論的量子論

　量子力学では粒子も波動の性質を持ち、それを記述する波動関数は一種の場と考えられる。シュレディンガーの波動方程式は、ニュートン力学を量子力学に取り入れたものなので、特殊相対性理論は含まれていない。
　1928年、イギリスの物理学者ポール・エイドリアン・モーリス・ディラック（1902-1984）は、シュレディンガー方程式にアインシュタインの特殊相対性理論の一部を取り込んで、相対論的電子方程式（ディラック方程式）を発表した。電子の波動関数を規定するもので、4つの方程式があり、4種類の確率の波を決めるものである。
　1925年、ジョージ・ウーレンベックとサミュエル・ゴーズミットは、電子のスピンを仮定した（右まわりと左まわり）。ディラック方程式の4種類の波のうち2個は、これら2種類に相当する。方程式を解くと、残る2種類はエネルギーが正と負の電子を表していた。しかし、負のエネルギーを持つ電子など有り得ないし、見つかってもいなかった。

1930年、ディラックは、真空とはマイナスエネルギーの電子で埋めつくされた海のようなものであるというアイデアを提唱し、陽電子の存在を予言したが、誰もまじめに取り合わなかった。

1932年、アメリカの原子物理学者カール・デイヴィッド・アンダーソン（1905-1991）は、宇宙から地球に降り注ぐ高エネルギーの宇宙線の中に電子と反対の正電気を持ち、電子と同じくらいの質量を持つ粒子を発見し、陽電子と名づけた。この陽電子の発見により、ディラックの理論はよみがえった。

電子を粒子と呼べば、陽電子はその反対粒子（反粒子）ということができるが、ディラックの方程式からは、それらが同じように存在すると結論できる。量子論では、電子に限らず陽子、中性子などその他素粒子全てに、同じ重さで逆の電荷を持つ粒子（反粒子）が存在するはずだと予言している。その後、反陽子も発見され、多くの粒子と反粒子が発見されていく。自然界のほとんど全ての素粒子には、反粒子が存在するのだ。リチャード・ファインマンは、粒子が時間を過去の向きにさかのぼっている時、私たちがそれを観測すると反粒子に見えるという解釈をした。

量子論ではまた、真空は何も無い空間ではなく、至る所で粒子と反粒子が対で生まれており、粒子と反粒子はすぐに結合して消えてしまうと考えている。これを、対生成と対消滅を繰り返している状態といい、真空のゆらぎと呼ぶ。これらの粒子は仮想粒子であり、粒子検出器で直接に観測することはできない。仮想粒子とは、測定不可能なほど短時間に出現しては消滅する粒子のことである。

エネルギーは無からは生まれないので、粒子／反粒子対は、片方（実在粒子）が正のエネルギーを、もう片方（仮想粒子）が負のエネルギーを持つことになる。電子と陽電子がぶつかると消えてガンマ線になり（対消滅）、また、ガンマ線から電子と陽電子が対をなして生まれてくる（対生成）。

粒子と反粒子はお互いに反対の電荷を持つが、光子の場合は粒子＝反粒子であり、電荷はゼロである。粒子からできている物質と反粒子からできている反物質が衝突すると、莫大なエネルギーを解放する。私たちの世界は物質でできているので反物質を見ることはないが、反粒子は大型加速器により日常的に生み出されている。また、電子と陽電子が対生成、対消滅する現象も加速器の中で確認されている。

ディラックの真空理論は現在では否定されているが、反粒子の存在や、粒子と反粒子の対生成、対消滅という現象を予言しており、場の量子論の誕生、発展に貢献する画期的なものであった。

場の量子論

場の量子論とは、量子力学のルールに基づいて、ミクロの視点で空間を考えるものである。1920年代の後半、ディラック、ハイゼンベルク、パウリによって、場の量子論は電磁場の量子力学（電磁波に対する量子論）として研究された。

彼らは空間を格子状に細分化し、電磁場の振動の様子をバネの振動として考えた。電磁場のエネルギーは必ず、プランク定数×電磁場の振動数（＝ｈν）の整数倍（n倍）の値をとるが、それを観測する場合n個の光子として考えるのだ。ただし、光子ゼロの時のバネの最低エネルギーは、以下の式からゼロではなく1/2ｈνの値になる。

$$E = (n + 1/2)\,h\nu$$

この最低エネルギーをゼロ点エネルギーといい、真空のエネルギーに相当する。真空は何も無いように見えても、実は真空のゆらぎに相当するゼロ点エネルギーで振動（ゼロ点振動）しているのである。

これを示すものとしてカシミア効果という現象があり、真空中に金属板を2枚平行に並べて近づけると、電磁場のゼロ点振動が影響を受けて変化し、2枚の金属板の間に引力が働くことが実験的に観測されている。

量子論で考えると、ゼロ点振動が大きな振動の波に変化すると、粒子が出現することに対応し、この粒子が仮想粒子ということになる。これはまさしく、無から粒子が生まれることに他ならないが、仮想粒子からだけでは、決して物質が生まれることはない。これには、エネルギーと時間の不確定性原理が関係するが、不確定性原理が許す時間内では、エネルギー保存の法則を破って、真空（無）からエネルギーが発生する。さらに、$E = mc^2$の関係から、エネルギーは質量に変換されて、真空(無) から質量を持つ粒子が現れるのである。ただし、電荷に対しては不確定性原理は存在せず、電荷保存の法則が守られており、真空から荷電粒子が発生するためには、必ず、粒子－反粒子のペアになっていなければならない。しかも、誕生したエネルギーも粒子－反粒子対も、不確定性原理によって制約された時間間隔以内に消えてしまわなければならないので、真空においては、粒子－反粒子対が至る所で生成と消滅を繰り返していることになる。また、真空中では光子による生成と消滅も繰り返されており、電子－陽電子の対生成、対消滅が起こっている。量子化された電磁場では、バネの種類は光子の種類を表し、光子のスピンの種類は左巻きと右巻きの2種類ある。

ディラック場の量子化は、電子などの場を量子化するものであるが、これでも空間の各点にバネを考える。バネの種類は電子の場では4種類あり、これは電子と陽電子、それぞれ上向きと下向きスピンに対応する。ディラックは当初、負エネルギー電子が無い状態を陽電子としていたが、ディラック場の量子化の理論では、負エネルギー電子自体を陽電子とし、電子や陽電子が無い状態を真空と定義する。

電磁場とディラック場とは相互作用を行なうが、これを考慮して、2つの場を量子化した理論を量子電磁力学という。この相互作用のために、2つの光子が衝突して電子と陽電子を作ったり、逆に電子と陽電子が衝突して2つの光子ができたりする。これは加速器により確認されている。また、電磁気力は電荷を持った粒子の間で光子がやりとりされることにより生じるとされている。

量子電磁力学は電子と光（光子）を統一的に扱う理論であるが、自然界にある他の3つの力にも応用できる。自然界にはいろいろな場（バネ）があるが、バネ同士の結びつき方の強さ（結合定数）は4つしかないため、自然界には4つの力しか存在しない。すなわち、電磁気力、重力、核力の強い力と弱い力の4種類である。

素粒子論

量子力学は、原子や分子のようなミクロの世界を記述するのに非常な成功を収め、エレクトロニクスの発展に貢献した。しかし、原子よりもさらに小さな素粒子の世界では量子力学では不十分で、この後、素粒子物理学が発展する。そして、量子論、素粒子論は、宇宙論の発展にも影響している。（素粒子論については第8章で、宇宙論については第9章で詳しく論じられる）。

著者の見解

光量子（光子）の粒と波の二重性格をどう説明するか？

光・電磁波理論のところでも述べたが、光子をイメージすることで量子論もより理解しやすくなるのではないかと考えている。量子論では、光だけでなく電子のような物質粒子も、粒であり波であるような二重の性格を持つことが示された。歴史的に、光は波であり電子は粒子であると信じられていたため、この二重性格は理解しにくく、違和感を覚える人も多いのではないだろうか。

光は宇宙において特別の存在だと考えられるが、実は光子も電子と同じように物質粒子なのではないのか、いやもっと正確に言おうとするなら、物質粒子を作るもとになる粒子が光子なのではないのか、と私は考えている。そう考えれば、$E = mc^2$により、物質が電磁放射に変換されることも当たり前のように理解できるはずである。

人間は物質粒子とそうでない粒子を区別しているが、宇宙がそんな区別をしているわけではない。素粒子については、次の第8章で詳しく論じられるが、素粒子論の複雑さは私にはとても理解しがたく、真理は単純で美しくあるべし、というアインシュタインの信念にも反しているものであると考えられる。素粒子論を複雑にしているものは何なのか？　それは、素粒子論が素粒子だと論じている粒子は、全て小さな複合粒子だからである、と私は考えている。

原子論の発展により明らかにされた原子という構造物や、原子が組み合わさってできる化学物質については、それを扱う理論の正しさと再現性のある実験結果から、その存在は疑いようのないものである。しかし、それよりもさらにミクロの世界を知ろうとする時、それらを扱う量子論や素粒子論はミクロ粒子の実体やその存在すら明らかにしてくれない。人間が観測しなければ粒子の存在を確認できない、または粒子を観測できる確率しか求められないというのであれば理解しやすいであろう。しかし、自然は観測することによって状態が決まるであるとか、ミクロの世界には不確定性が存在しているという表現には、違和感を覚える。これは、理論の完成度や人間の観測技術を過信しているとしか思えない。観測で得られたことが、まぎれもない事実であったとしても、不完全な理論で解釈されれば正しい結論は得られないと考える。

多世界解釈の考え方は、おもしろい発想ではあるが、私はあまり賛成する気にはなれない。ミクロの世界が量子力学の確率に従っていたからといって、宇宙や観測者を含むマクロの世界が量子力学の確率に従って存在するとは考えられないからである。

相対論的量子論、場の量子論に関する記述は、私がRM理論を思いつく上で最も影響されたものである。特殊相対性理論と場の量子論により、光と時空と物質（エネルギー）が統一されたといえる。RM理論は、これらをよりわかりやすく見えるようにイメージするものである。

量子力学の不可解さは素粒子論の発展により解決されると期待されたが、より複雑で理解しにくいものになっている。ミクロの粒子が点状粒子ではなく大きさを持った粒子が集まった複合粒子であり、これが空間に存在する時空の粒子（光子）と相互作用するとイメージすることにより理解しやすくなるのではないかと私は考えている。粒子と反粒子が対生成と対消滅を起こしたり、電子と陽電子が対消滅して光子が現れたりするのは、仮想の世界の話ではなく現実の世界の話である。ただしこの世界を現実として観測することはできないかもしれない。それでもこの世界を理論的に正しく理解しイメージできれば、ミクロの世界の不確かさも少しは軽減するのではないかと私は考えている。

第8章　素粒子論

素粒子論の始まり

素粒子物理学

素粒子とは、物質を構成する素（もと）になる粒子という意味である。あらゆるものは素粒子からつくられ、素粒子が別のものからつくられることはない。

古代ギリシャの哲学者デモクリトスは、物質が全てアトム（分割不可能なもの）という基本的要素から成り立つと考えたが、19世紀に化学が進歩して、近代的な意味でのアトム（原子）という概念が生まれた。以後、研究が加えられ、その実在性が確立されていく。

20世紀には量子力学の発展により、物質の最も究極な単位として考えられていた原子が、単純な1つの粒子ではなく、原子核と電子による構造を持つことがわかった。さらに、原子核は陽子や中性子という粒子の集団であることが明らかになると、物質の究極的構造と素粒子の振る舞いを支配する自然法則を明らかにすることを目的とする素粒子物理学が発展していくことになる。

中性微子（ニュートリノ）

ラジウムがラドンに変わる時、アルファ粒子が一つ放出されるが、この時のアルファ粒子のエネルギーは一定の値を示す。しかし、ベータ崩壊で原子核から放出されるベータ線（電子）のエネルギーは、一定の値を示さないことが知られていた。

1931年の国際会議でボーアは、原子核内の中性子が電子と陽子に変わる際、エネルギー保存則が破れるという考えを示した。1930年、既にパウリは、電子といっしょに実験や観測にはかからない電気的に中性な微粒子が放出されるとすれば説明できる、という説を発表していたが確証はなかった。1932年、チャドウィックが中性子を発見したが、パウリの中性粒子はもっと軽く、簡単には発見できそうになかった。パウリの意見に賛成でエネルギー保存則を信じていたフェルミは、パウリの中性微子を小さな中性子（イタリア語でニュートリーノ）と名づけた。フェルミは、もともと原子核の中に存在する中性子が陽子に変化する時、電子とニュートリノとの対が生じ、放出されるのではないかと考えた。また彼は、電磁気力よりもかなり弱い力が存在し、ベータ現象に関与するのではないかと考えた。しかし、フェルミの理論は、まだ確認されていないニュートリノを使っていたためあまり受け入れられなかった。

1956年、フレデリック・レインズ（1918-1998）が、原子炉での実験で、初めてニュートリノを確認した。

ニュートリノの現在

ニュートリノは、電子の仲間であるレプトンに分類される素粒子で、電子型ニュートリノ（第1世代）、ミュー型ニュートリノ（第2世代）、タウ型ニュートリノ（第3世代）という3種類があり、それぞれに反粒子が存在するので、全部で6種類ある。そして、世代が上がるごとに粒子の質量は増えていく傾向にある。

ニュートリノは、超新星爆発、太陽、地球内部、大気、人体など、様々な所から生まれてきているが、それぞれエネルギーが異なる。

宇宙線が大気と衝突するときに生じるニュートリノ（大気ニュートリノ）が最もエネルギーが高く、超新星爆発からくるニュートリノ、地球の中心からくるニュートリノ（ジオニュートリノ）、太陽の中心からくるニュートリノ（太陽ニュートリノ）の順にエネルギーが低くなる。

太陽ニュートリノでは、電子型ニュートリノが観測される。大気ニュートリノからは、電子型およびミュー型ニュートリノとその反粒子（反電子型および反ミュー型ニュートリノ）が放出される。加速器を使って、陽子と陽子を衝突させて、人工的にニュートリノを発生させた場合も、大気ニュートリノと同様のプロセスで、同じニュートリノが放出される。

星の内部の核反応で宇宙に無数のニュートリノが放出されており、地球へもやってきているが、きわめて小さく、その大部分は物質を通り抜けるだけで、ごくまれにしか他の粒子とぶつかることがない。ニュートリノと反ニュートリノは、他の粒子とごく弱い相互作用しかせず、お互いがぶつかって消滅しあうことはない。

ニュートリノは、地球さえも簡単に貫通してしまうので、とらえるのは難しかったが、1987年、小柴昌俊（1926-2020）らが、日本の観測施設カミオカンデで、大マゼラン星雲での超新星爆発により放出されたニュートリノの観測に成功した。

ニュートリノは光速に近い速度で飛び、質量が無い素粒子だと考えられていたが、1998年、梶田隆章（1959〜）らによるスーパーカミオカンデでの観測により、質量を持つことが確認された。3世代のニュートリノ（電子型、ミュー型、タウ型）が、一定の距離を進んだ後に、別の世代のニュートリノに変わる現象（ニュートリノ振動）が確認されたことがその根拠とされる。量子力学によると、ニュートリノも粒子であり、波であるが、この波としての波形は質量の違いによって異なり、周期は質量に反比例する。ニュートリノの質量の値は極めて小さく、電子の100万分の1以下とされる。素粒子の標準理論は、ニュートリノに質量は無いということを前提にしており、ニュートリノに質量を与えるメカニズムの詳細はわかっていない。

ニュートリノを観測することにより、電磁波では見えないものもわかることから、ニュートリノ天文学に期待が高まっている。太陽ニュートリノの観測により、太陽内部の温度と密度などがわかる。しかも、光が太陽の中心から出てくるのに1万年かかるのに対し、ニュートリノはほとんど物質や光と反応しないため、リアルタイムに太陽の内部の状況や変化を見ることができる。ただ、太陽ニュートリノ問題というものがあり、ニュートリノの検出数の理論値に比べ、観測値がはるかに少ないという問題がある。

湯川秀樹の中間子論

1934年、湯川秀樹（1907-1981）は、原子核の中で陽子と中性子とを結びつける力（核力）を説明する理論、中間子論を提唱した。陽子と中性子との間で未知の素粒子（中間子）を交換することにより核力が生じ、陽子と中性子が結びついているという理論である。

核力は、電磁気力や万有引力よりはるかに強く、到達距離は短い（核力の到達距離は、10^{-13} cm 程度)。力の到達距離と交換する素粒子の質量とは反比例するため、新しい素粒子の質量は電子の200倍程度と考えられた。湯川は、この粒子が宇宙線の中に多数あるはずだという予測も行なった。

1937年、陽電子の発見者アンダーソンらが、宇宙線の中に電子と陽子の中間の質量を持つ新粒子を発見した。

1947年、イギリスの宇宙線研究グループが、中間子が2種類あり、重い方（パイ中間子）が軽い中間子（ミュー中間子）に崩壊していることを発見した。アンダーソンらが発見した中間子はミューオン（ミュー中間子）であり、湯川が予想した中間子（パイ中間子）とは違うことがわかった。1948年、加速器による実験が行なわれ、湯川の核力中間子が確認された。

湯川の中間子論は核力を説明することを目的とした。核力が中間子の交換によって生ずるという考え方は今でも通用するが、このメカニズムだけで核力を説明するのは困難とされている。

素粒子論の発展

加速器

宇宙線を観測することにより、未知の素粒子を発見できるかもしれないが、時間がかかりすぎる。そのため素粒子物理学では、新しい素粒子や未知の相互作用を探究するために、人工的に素粒子をつくり出す装置である加速器を用いた実験を行なっている。

加速器には大別して、電子の加速器と陽子の加速器がある。強い相互作用の研究のためには陽子加速器を、電磁的相互作用や弱い相互作用の研究には電子加速器を使うというように、目的により使いわけられている。電荷を持った電子や陽子などの粒子に電圧をかけて速度を上げ、他の粒子に衝突させることにより様々な素粒子が生み出される。

加速器のエネルギーは、一定の電圧の下で電子や陽子が加速されたときに得るエネルギーであり、このエネルギーは電圧Vと電荷eの積、すなわちeV（電子ボルトまたはエレクトロン・ボルト）で表される。1電子ボルトは、1ボルトの電圧で電子を加速した時に得られるエネルギーを表す。

高い電圧を一度にかけるのは技術的に無理なので、磁石の磁場の中で粒子を円運動させ、一周するごとに電圧を加えて加速する。これが、アメリカの物理学者アーネスト・ローレンス（1901-1958）の発明したサイクロトロンの原理である。加速された粒子を磁場から解放して的に衝突させ、その反応で生じる粒子を測定器で検出し分析する。根本原理は同じだが、エネルギーが1GeV（G、ギガは10^9）以上ではシンクロトロンと呼ばれる装置が使われる。

円運動すると放射によるエネルギー損失があるので、これを避ける方法として、円周を回さずに直線のパイプの中を走らせて、一定距離ごとに加速していく線形加速器（ライナック）がある。エネルギーは走らせる距離に比例して上がる。

固定した的にぶつける方式の加速器では、加速器を大きくして弾丸粒子のエネルギーを上げたからといって、粒子の反応エネルギーはそれに比例して上がるものではなく、有効なエネルギーは弾丸粒子のエネルギーの平方根に比例するだけである。これに対し、衝突ビーム方式の加速器では、反対方向に走る２つのビームを作って正面衝突させるので、両方の粒子のエネルギーを足したものが全て反応エネルギーに使われる。ただし、衝突ビーム方式は反応の頻度が少ないという欠点がある。衝突させる粒子として、陽子、反陽子、電子、陽電子などをいろいろな組み合わせで用いることが可能である。

反応後の粒子を検知測定する装置の一般原理は、霧箱や泡箱の場合のように、荷電粒子が物質の中で放電現象を起こすのを利用しているが、装置の大きさは加速器の大きさに比例して巨大なものになる。

素粒子の分類

1947年以降、宇宙線の観測により新しい素粒子が次々と発見された。さらに、人工的に素粒子をつくり出す装置、加速器による実験も行なわれ、多くの新粒子が発見された。これらの粒子をより少ない素粒子から説明するために、いろいろな理論が提案されたが、新たな発見により謎が深まるということが繰り返された。素粒子は、何百種類も知られているが、そのほとんどは半減期が短く、放射性元素のように一定の仕方でひとりでに崩壊するという。

レプトン（軽い粒子）：弱い力だけに作用する粒子

レプトンとは、ギリシャ語で軽い粒子を意味する。電子は、レプトンに属する基本粒子である。ニュートリノ（ν）、ミューオン（μ）などもレプトン族の基本粒子であるが、日常の現象にはあまり関係しない。レプトンの電荷は、±ｅまたは0である。

バリオン（重い粒子）：陽子以上の重さのもの

バリオンとは、ギリシャ語で重い粒子を意味する。陽子や中性子などが属する。陽子と中性子は、核子と呼ばれるが、核子にアイソスピンというものを考え、陽子と中性子はアイソスピンで区別され、それぞれ上向きと下向きの状態とされている。

核子以外に、ラムダ粒子（Λ）、シグマ粒子（Σ）その他の不安定な重い粒子がバリオンに含まれる。バリオンは、基本粒子ではなく、3個のクォークからできていると考えられている。

メソン（中間の粒子）：陽子より軽く電子より重いもの

バリオンとレプトンの間に、メソン（中間子）の族がある。湯川が予言したパイオン（π＝パイ中間子）が、これに含まれる。湯川の最初の仮説とは異なり現在では、核力は1種類の中間子によるものではなく、いろいろなメソンの交換による複雑な過程であるとされる。その中でパイ中間子の作る力は一番到達距離が長く重要である。パイ中間子の質量は、電子の270倍、陽子の７分の１であり、スピンは0、電荷は、±1、0と3種類（π^0、π^+、π^-）ある。パイ中間子は、粒子の衝突実験で実の粒子として作られるが、これらは安定な粒子ではない。

メソンにもバリオンくらいの質量を持つものがたくさんあるし、軽いはずのレプトンにもメソンやバリオンくらいの質量のものがある。つまり、重さだけで粒子を分類するのはあまり意味がない。

ハドロン（強い粒子）：強い力と弱い力の両方に作用する粒子

バリオンとメソンとを合わせてハドロンと呼ぶ。ギリシャ語で強い粒子を意味するが、これは強い相互作用をするからである。この強い相互作用の1つの現れである核力により、原子核はまとめられている。ハドロン同士を衝突させると多くの粒子が出てくるが、ハドロンの種類が多いことは、それが素粒子ではなく複合粒子であることを示唆する。しかし、これらの中のどれが基本粒子で、他のものがその複合体であるということもいえない。

力の種類

自然界には、電磁気力と重力の他に、原子核内で働く、強い力と弱い力の4つの力があるとされ、あらゆる力はこれらのどれかに分類される。これらの力は、力を担う粒子を交換することによって生じるとされ、力を担う粒子が質量を持たなければ、力の到達距離は長くなり、力を担う粒子の質量が大きいと、力の到達距離は短くなる。

力を担う粒子は仮想粒子と呼ばれ、実在粒子とは異なり、粒子検出器で直接検出できないが、波として現れるときは実在粒子として存在でき、そのときには直接検出できる（光波、重力波など)。

電磁気力

電磁気力は、電気や磁気に働く力を合わせたものである。電磁気力を起こす源は電荷であり、プラスとマイナスの2種の電荷がある。プラスの電荷とマイナスの電荷の間には引力が働くが、プラス同士、マイナス同士の電荷の間には反発力が働く。このため、同符号の電荷をたくさん集めて電磁気力を強くすることは難しい。

２つの電荷の間に働く電気力の強さは、両方の電荷の大きさの積に比例し、お互いの距離の２乗に反比例して小さくなるが、到達距離は無限大とされている。

電磁気力（クーロン力）は電磁場の量子（光子）をやりとり（キャッチボール）することによって生じる。

強い力

強い力（強い核力、強い相互作用）は、陽子同士や、陽子と中性子の間に働き、電気的な反発力にもかかわらず、これらの粒子を固く結びつけて原子核を形づくっている力として発見された。二つの核子の間に働く力（核力）であり、一方が中間子を放出し、他方がそれを吸収する、つまり中間子をキャッチボールすることによって生ずると考えられた（湯川秀樹の中間子論)。このキャッチボールが頻繁に起こるから、核力は電磁気力に比べて強いとされる。現在では、核力はパイ中間子などのやりとりで起こる力だけを意味し、強い力の中の１つとされる。

クォーク理論によると、強い力は、クォーク同士を結びつけて陽子や中性子をつくる力とされ、グルーオンにより媒介される。クォークには働くがレプトンには働かない。

強い力の大きさは、電磁気力の約100倍、到達距離は、10^{-15} mである。

弱い力

弱い力（弱い核力、弱い相互作用）は、いわゆるベータ崩壊が起こる時に働く力のことである。この時、中性子が電子と反電子ニュートリノを放出して陽子に変わるので、原子核はプラスの電荷が1つ多い原子核に変わる。クォーク理論によると、ベータ崩壊とはダウンクォークが電子と反電子ニュートリノを出してアップクォークに変わる現象である。また弱い力により、レプトンであるミューオンは、電子とミューニュートリノと反電子ニュートリノに崩壊するとされる。

弱い力は、ウィーク・ボソンにより媒介されると考えられているが、クォークにもレプトンにも作用するため、ハドロンとレプトンの多くが不安定となる。弱い相互作用は保存則を必ずしも守らない。

弱い力の大きさは電磁気力の約1000分の１で、到達距離は、10^{-18} mである。

重力

重力はあらゆる物質の間に常に引力として働くため、万有引力とも呼ばれる。重力を生み出す源は質量であり、質量に比例して重力は強くなり、距離の2乗に反比例して弱くなる。途中で消えてしまうことはなく、到達距離は無限大とされている。

重力は、重力の量子（重力子、グラビトン）により媒介されると考えられている。この粒子はまだ観測されていないが、重力が光速度で伝わることから、光子と同じく、質量はゼロのはずである。

重力の強さは、4つの力の中で極端に弱く、電磁気力の10^{36}分の1である。

物理学者たちは、時間の始まりでは温度が非常に高く、四つの力全部が1つに融合しており、宇宙が冷えるにつれて、四つの力をまとめていた対称性は破れていったと考えている。自然界の4つの力を統一的に理解しようとする、力の統一理論は現代物理学の大きな目標の一つである。

スピンの種類

素粒子は、スピンという性質を持っている。スピンとは、素粒子の自転の度合いを表す量子数（量子力学的な量）で、角運動量と考えられる。量子力学によれば、粒子ははっきりした軸を持っていないため、軸の周りを自転している粒子とはイメージが違う。

スピン0の粒子は、点のように、どの方向から見ても同じに見える。

スピン1の粒子は、完全に1回転（360度）させた時にだけ同じに見える。

スピン2の粒子は、半回転（180度）すると同じに見える。

スピン3の粒子は、120度回転させると元と同じに見える場合であり、スピンの値が大きくなればなるほど、粒子を同じに見えさせるのに必要な回転の角度はより小さくなる。

スピン1/2の粒子は、2回転させると同じに見える。

電子のスピンは1/2で、光子のスピンは1、重力子のスピンは2であるといわれる。

パウリのスピン統計の法則というものがあり、h／2π（h：プランク定数）を単位として、スピンの大きさが整数倍の粒子と半整数倍の粒子があり、両者は全く性質が異なり、別のグループに分類される。

半整数スピンの粒子：スピン1/2、3/2・・・

電子のように、古典的にも粒子として認識され、物質を構成する要素となっている。フェルミ統計に従い、フェルミオン（フェルミ粒子）と呼ばれる。これは、エンリコ・フェルミに敬意を表して名づけられた。

物質粒子は、パウリの排他原理に従う。この原理は、2個の粒子が同じ状態を同時にとれないというもので、多くの粒子が同じ状態に存在できず、常識的な物質粒子に当てはまる。全ての物質粒子には、反粒子が存在する。

整数スピンを持つ粒子：スピン0、1、2・・・

電磁場の光子のように、古典的に波または力の場として現れる量子などがある。ボース統計に従い、ボソン（ボース粒子）と呼ばれる。インド人物理学者チャンドラ・ボース（1894-1974）にちなんで名づけられた。

パウリの排他原理に従わず、制限無く同じ状態の粒子が存在できる。同じ位相の波を重ね合わせれば、振幅をいくらでも大きくすることができると解釈される。

スピン量子数がゼロのものを、スカラー粒子といい、ヒッグス粒子がある。

スカラー粒子以外のボース粒子は、ゲージ粒子と呼ばれ、相互作用を媒介する素粒子であり、光子、グルーオン、Zボソン、Wボソンなどがある。光子1個は非常に小さなエネルギーを持っていても、たくさん集まれば電磁波として観測できる。

量子力学では、物質粒子間の力あるいは相互作用は、整数スピンの粒子により媒介されることになっている。力を運ぶ粒子の場合、粒子と反粒子は同じものである。2つの粒子の状態を表す波動関数を考えて、2つの粒子を入れ換えた時、その粒子がフェルミオンの場合は波動関数の符号が変わり、ボソンの場合は符号が変わらない。

素粒子のスピンに関して、もう一つヘリシティと呼ばれる重要な性質がある。これは、素粒子が進行方向に対して、後方から見てどちら向きに回転しているかで判断するものである。通常の素粒子では、粒子、反粒子にかかわらず、右巻きか左巻きかの2種類がある。しかし、現時点でニュートリノは左巻きしか見つかっておらず、逆に、反ニュートリノは右巻きしか見つかっていない。

保存則と対称性

保存則と対称性は密接に関係しており、自然現象を理解する上で重要である。運動量、エネルギー、角運動量などの保存則は、時間、空間の持つ対称性に由来するものと考えられている。

対称性とは、自然界に存在するいくつかの同等な立場の一方から他方に移ったとしても自然法則が変わらないことである。

時空の対称性には座標系の移動と回転のほか、反転というものもある。反転には、空間反転と時間反転があり、空間の反転は鏡像変換とも呼ばれ、鏡の像のように左右が入れ換わるものである。また、空間反転の対称性に伴う保存則は、パリティの保存則と呼ばれる。つまり、パリティ変換は左右を入れ換えることを意味し、入れ換えてもパリティが同じであれば、パリティの保存則は成り立つとされる。保存則が成り立つ場合、パリティはプラス、成り立たない場合、パリティはマイナスと呼ばれる。

空間の対称性の一部として、パリティの保存は当然のことと考えられていたが、1956年、弱い力によるK中間子の崩壊現象においてパリティが保存されないことが確認された。パリティの保存則が成り立っているということは、左右を入れ換えても区別がつかないということであり、どんな粒子にも右巻きと左巻きの状態があることを意味している。しかし、弱い力によって生まれるニュートリノには左巻きの状態しかなく、反ニュートリノには右巻きの状態しかないことが確認されており、これもパリティの破れである。

電荷反転（チャージ変換）は、電荷を入れ換えること、つまり、物質を反物質に変えることを意味し、これによって物理法則が変わらないことを、荷電共役対称性という。電荷（チャージ）とパリティの同時反転は、英語の頭文字をとって、CPと略称されている。自然の法則は、弱い相互作用の場合でもCPの同時操作については対称であると考えられていた。しかし、1964年に再びK中間子の崩壊に関して、CPの対称性も破れている現象があることが発見された。

CPTの定理というものがあり、この定理によれば一般に自然法則はC、P、Tの反転操作を続けて行なえば不変でなければならない。Tとは時間反転の操作（ビデオの映像を逆に再生させるもの）のことであり、運動の向きを逆転させることであり、前向きに進んでいる時間tを-tで置き換えることである。この操作を行なっても物理の基本法則は変わらないことが昔から知られており、これを時間反転対称性という。しかし、弱い相互作用に関しては、ＣもＰもＴも対称性が破れている。

強い力が働く際には、アイソスピンやストレンジネスが保存されるが、弱い力ではこれらの値は保存されない。

日常生活における非対称性と自然法則に見られる非対称性とは違う。自然法則自身は左右対称でも、初期条件のとり方によって実際の非対称が生じ得る。このような現象は、対称性の自発的な破れ、と呼ばれている。

無限大問題とくりこみ理論

素粒子の理論には無限大の問題が内在する。

電子の真の電荷を考える時には、仮想粒子による相互作用も全て考慮しなければならない。電子が１個存在するとして、その周囲で起きている無数の仮想粒子の生成・消滅の影響を考慮して量子補正を行なうと、電子の電荷が無限大になってしまう。同じく、電子の質量について量子電磁力学で量子補正を行い計算すると、質量も無限大となってしまうのである。

この無限大の問題を解消する方法として、朝永振一郎（1906-1979)、ジュリアン・S・シュウィンガー（1918-1994)、リチャード・P・ファインマン（1918-1988）らにより提唱された理論を、くりこみ理論という。量子補正を加えない裸の電荷や裸の質量は決して観測できない。くりこみ理論では、最初から裸の量の中に、実際に観測されている電荷や質量の値に加えて無限大を含めておくことにより、量子補正による無限大を打ち消すのである。つまり、「裸の電荷＋量子補正（プラス無限大）＝観測されている電荷（有限値)」となるように、「裸の電荷＝観測されている電荷＋マイナス無限大」とするのである。

点電子（裸の電荷）があると、周りを電子対の雲が取り囲んで、真の電荷が減ってしまうのであるが、この減り方を計算すると無限大という答えが出る。しかし、実際の観測にかかるのは全質量と全電荷であり、それらを裸の分と雲の分とに区別することはできない。たとえ雲の分が無限大でも、それを裸の分にくりこんだ全体が全質量と全電荷であると解釈して無限大を処理できるというのだ。つまり、くりこみ理論は、無限大をくりこむことにより見かけ上解決したのである。これにより、場の量子論から研究が進んだ量子電磁力学（QED）は1940年代に完成され、計算の精度は超精密の域にまで達している。しかし、くりこみには完全な理論を見つけるという観点から見ると良くない面がある。無限大から無限大を引くと、答えは何でも好きな値となり、質量や電荷の強さの実効値は理論からは予測できず、観測結果のほうで調整することになるのである。

弱い力や強い力の理論は、くりこみ可能なゲージ理論になっているが、重力場の量子論は、いまだにくりこみ不可能である。一般相対性理論の場合、重力の強さと宇宙定数の値を調整しても、無限大を取り消すことはできないのだ。素粒子論に存在する無限大について、かなりの意見の差があり論争は続く。

湯川秀樹の非局所場理論、素領域理論

ウーレンベックとゴーズミットとが電子のスピンを仮定した時、彼らは、電子に大きさがあると考えていた。しかし、ディラックが相対論的電子論で点状の粒子がスピンするやり方を示してから、素粒子は点状粒子であると多くの物理学者が考えるようになった。そして、点状の粒子の方が、生成や消滅の説明が簡単にできるため、点状の粒子がスピンや質量などの特性を持つことに疑問が抱かれなくなった。

1953年、湯川は、非局所場理論を提唱した。それは、素粒子に大きさを持たせることにより、無限大が現れるのを防ぐというものであった。非局所場とは、点のように局所化することができない場ということである。湯川は、素粒子がそれぞれ大きさや構造を持っているかもしれないと考えていた。彼は、素粒子の質量と内部構造とを結びつけて考え、素

粒子の統一理論をつくろうとしていたのである。

1968年、湯川は、時間・空間が分割できない領域（素領域）の集合であると考え、素領域理論をつくった。湯川は、素粒子の違いは非局所場の方程式のいろいろな解で与えられ、それらの解の違いは時間・空間的な構造の差であると考えていた。

その他の理論

ハイゼンベルクの理論も、方程式の解の違いから各種粒子が導かれるというものであるが、ハイゼンベルクは、素粒子には時間・空間的な構造は無いと考えていた。湯川やハイゼンベルクのように、素粒子は点などではなく振動する球体と考える人たちにより、球体や膜といった幾何学図形に基づいて量子場理論を構築しようと試みられたが、全て失敗に終わった。

ジェフリー・チュー（1919-2011）のS－マトリックス理論では、無限にある粒子のどれも基本的な粒子ではないとされている。チューは、靴のひもを編むように、素粒子がからみあって別の素粒子がつくられると考えた。

こうした理論は、素粒子論において主流とはなっていなかったが、近年の超ひも理論につながっていくものである。超ひも理論の基盤は、点状粒子ではなく相互作用するひもであり、くりこみの必要がなく、S－マトリックス理論に似て、無限の素粒子に適応できる。超ひも理論によれば、同じひもの異なった共鳴により、自然界にあるような無限の種類の粒子が存在でき、どの粒子も他の粒子のもとになるというわけではないという。（超ひも理論については、第10章で詳しく論じられる）。

クォーク理論

クォーク理論は、1950年代から1960年代の初めにかけて、数多く発見されたハドロン族に秩序を与えるために、マレイ・ゲルマン（1929-2019）とジョージ・ツワイク（1937-　）とにより、1964年に独立に提唱された。ハドロンがさらに小さな基本粒子（クォーク）から構成されるという理論である。

クォーク理論を着想する上で、中野－西島－ゲルマン（NNG）の法則（公式）と言われるハドロンの規則性が決め手となった。

電荷 ＝ アイソスピンの成分＋超電荷／2
（超電荷 ＝ ストレンジネス＋バリオン数）
（ストレンジネスは、宇宙線の中で発見されたＶ粒子の場合の保存量を、ゲルマンがこう名づけたもので、その粒子が持つストレンジクォークの数で決まる値）
（バリオン数は、バリオン ＝ 1、メソン ＝ 0、レプトン ＝ 0）

これは、どんなハドロンにも共通する、電荷、アイソスピンの成分と超電荷（ストレンジネスとバリオン数）の関係を表したものである。そしてこの規則性は、各ハドロンがアイソスピンとストレンジの量子数を荷なうことによることがわかった。この法則を自然に説明するためにゲルマンは、電気素量ｅの±1/3または±2/3といった半端な電気量を持つと仮定した仮想的基本粒子を、クォークと名づけ発表したのである。

最初、クォークには、u、d、sの3種類があるとされた。u（up）とd（down）はアイソスピンの上向きと下向き、sはストレンジの意味である。各クォークにも反粒子（反クォーク）があり、u、d、sの上にバーをつけて表記する。

アップクォーク：電荷＋2/3、ストレンジネス 0、アイソスピン＋1/2
ダウンクォーク：電荷－1/3、ストレンジネス 0、アイソスピン－1/2
ストレンジクォーク：電荷－1/3、ストレンジネス－1、アイソスピン 0
反アップクォーク：電荷－2/3、ストレンジネス0、アイソスピン－1/2
反ダウンクォーク：電荷＋1/3、ストレンジネス0、アイソスピン＋1/2
反ストレンジクォーク：電荷＋1/3、ストレンジネス＋1、アイソスピン0

3個のクォークが集まると、電気量はゼロを含めて素量の整数倍になり、陽子、中性子、ラムダ粒子、シグマ粒子（プラス・ゼロ・マイナス)、グザイ粒子（ゼロ・マイナス）といった８種類の重粒子を説明できる。

各粒子はそれぞれ、以下の式で表される。

陽子（p） = uud

中性子（n） = udd

ラムダ粒子 = uds

シグマ粒子（+） = uus

グザイ粒子 = uss

クォークモデルでは、3種類のクォーク（および反クォーク）の組み合わせで、数百種類のハドロンをつくりだせる。バリオンが3個のクォークの組み合わせでつくられるのに対し、メソンは2個のクォーク（1個のクォークと1個の反クォーク）の組み合わせでつくられるとされる。

メソンをつくるクォークと反クォークはなぜ対消滅しないのか？

それはクォークにもいくつかの種類があり、対となるクォークは違う種類のクォークであるらしい。

クォークが1個や2個でつくられる素粒子は半端な電気量を持つが、それらは見つかっていない。

後に、クォークの新たな性質として、色荷（カラーチャージ)、という概念が提唱された。色（カラー）と呼ばれているが、通常の意味の色とは何の関係もない。u、d、s の各クォークは、3種類ずつあることになり、その量子数は色（カラー）と呼ばれ、3原色である、赤、緑、青などと区別されている。赤＋青＋緑＝白　というように、全体として白色になるような組み合わせで結びつくとされる。

メソンは、クォークと反クォークがペアになって結びついたものであるが、反クォークは、赤、青、緑それぞれの補色の色荷を持ち、クォークと反クォークが結びつくと白色になるとされる。

核子の間に働く力は、中性子がボソンであるパイ中間子を出して陽子に変わるとされるが、クォーク理論では、この時ダウンクォークがＷボソンを放出してアップクォークに変わることで陽子に変わり、Ｗボソンが電子と反電子ニュートリノに崩壊すると説明される。また、強い力（クォークの間に働く力）は、クォークが色の粒子である、グルーオンをやりとりして起こるとされ、グルーオンもボソンである。グルーオンは、8個あると考えられている。

色（カラー）に対して、古い方の量子数は、香り（フレーバー）と呼ばれるが、実際の色や香りではなく、便宜上の命名である。u、d、sの3種に加え、さらにc（チャーム・クォーク）が加わった。これは、uクォークと同じく2/3の電荷を持つことになっている。クォークの香りは弱い相互作用による以外には変化せず、ストレンジネスとチャームはほとんど保存されるため、量子数として有用である。

これらに加え、1973年、小林誠と益川敏英は、CPが保存されずわずかに破れているのは、クォーク組が少なくとも3つ（全部で6種類）あるからではないかと指摘した（小林－益川理論)。(u、d)、(c、s）の組に、第3の組（t、b)（トップとボトム）を仮定したのであるが、これらも後に発見されることになる。tは電荷が2/3、bは-1/3の成分である。

現在の素粒子物理学では、クォークとレプトンが最も基本的な粒子だと考えられている。素粒子には世代があり、クォークとレプトンはそれぞれ6種類あるとされ、まとめると以下のようになる。

第1世代のフェルミオン

アップ（2/3）とダウンクォーク（-1/3）の組と、電子（-1）と電子ニュートリノ（0）の組

第2世代のフェルミオン

チャーム（2/3）とストレンジクォーク（-1/3）の組と、ミューオン（-1）とミューニュートリノ（0）の組

第3世代のフェルミオン
　トップ（2/3）とボトムクォーク（-1/3）の組と、タウオン（-1）とタウニュートリノ（0）の組
（ ）内はいずれも電荷を表す。

世代が上がるごとに、粒子の質量は増す傾向にある。第一世代のフェルミオンが現在の宇宙にある全ての物質をつくっている。クォーク、レプトンそれぞれに、反粒子がある。クォークには、6種の香りと3種の色があり、レプトンには、6種の香りがあるが色はない。

クォークやレプトンはこれだけの種類で終わりなのか、不明のままである。

クォークモデルでは、ハドロンはクォークがゆるく結合しているようで、実際にクォークは決して外には飛び出さないというパラドックスがある。クォークが単独に存在するに違いないと信じる物理学者は、それが発見されていないことから、重量が非常に重いと見て、高いエネルギー現象を宇宙線や巨大加速器で追いかけたが発見できなかった。それでもクォークの存在が支持されているのは、クォークの仮定によって多くのハドロンを説明することができるだけではない。クォーク閉じ込めの原理により、クォークを単独で取り出せないことの理由も理論的に説明できるようになったからである。アメリカの物理学者ケネス・ウィルソン（1936-2013）が、クォークはひも状の粘着質の実体（グルーオンと呼ばれる）に結合され、永久に閉じ込められているため観測されないという説を出し支持されているのだ。また、クォーク同士の相互作用は極めて弱いが、距離が離れるとともに力が強くなるため単独で取り出せないという仮定もなされている。さらに、クォークは分数電荷を持っており、3個が一組になり整数電荷の状態で存在するため、独立した一つの物を取り出すことはできないともいわれる。しかし、このように単独で取り出せないクォークの実在に疑問を持つ物理学者もいるようである。

ゲージ理論

ゲージとは尺度という意味で、ゲージ対称性とは尺度を変えても理論の形が変わらないことであり、素粒子論の基礎となる重要な原理である。このゲージ対称性を満たすような理論をゲージ理論と呼ぶ。ゲージ理論におけるゲージは、真空の場そのものであるため、ゲージ対称性や場のエネルギーは、真空に備わった性質と考えることができる。つまり、真空のエネルギーの大きさによって、ゲージ対称性が成り立ったり破れたりすると考えることができる。

クーロン力は、2つの点に置かれた電荷の間に働く力である。空間の多くの点に分布している電荷を考え、その符号を変えたとしてもクーロンの法則は正しく成り立っているはずである。大局的（global）対称性とは、全ての電荷の符号を同時に反転させるような、全体的な変換によっても成り立つ対称性をいう。また、局所的（local）対称性とは、場所によって電荷を反転させたり反転させなかったりするような、部分ごとに違った変換をすることによっても成り立つ対称性をいう。マクスウェルの電磁理論は局所的対称性を持つ初めてのゲージ理論である。

ゲージ対称性を満たす場はゲージ場と呼ばれ、今日、ゲージ場理論と呼ばれているものは、マックスウェルの電磁場理論の特徴を一般化したものである。1954年に中国出身の物理学者チェン・ニン・ヤン（1922～）とアメリカの物理学者ロバート・ミルズ（1927-1999）が最初に提唱したので、ヤン-ミルズ場の理論とも呼ばれるが、これは弱い力と強い力を説明する理論である。意味をさらに広げて、ゲージ場理論の中にアインシュタインの重力場理論などを含めていうこともある。

1980年代、強い力もゲージ理論で表されることが明らかになってきた。強い力は、クォーク間に働く力であるが、これをゲージ理論で表すには、クォークが色を持つことが重要になる。原子の場合の電荷に相当するのがハドロンでは色であり、クォークの色の間にクーロン力のようなものが働くとされている。ただ、電荷は1種類であるのに対し、色は赤、緑、青の3種類あり、電荷を持った粒子は単独で存在できるが、色を持った粒子はそれができない。

電磁気力のもとでの荷電粒子の力学が、量子電磁力学（QED）というのになぞらえて、色のゲージ理論を量子色力学（QCD）という。3種類の色が混ざり合うと色が消えてなくなり、光の3原色に似ていることから、この名前が付けられた。色の場はクォークをくっつける糊（glue）のようであるため、色のゲージ場の量子はグルーオン（gluon）と呼ばれている。電磁場における単位電荷eに対応して、クォークの持つ色の強さは、色の種類によらない単位 gで表される。

1973年ごろ、オランダの物理学者ヘーラルト・トホーフト（1946〜)、アメリカの物理学者デイビッド・グロス（1941〜)、フランク・ウィルチェク（1951〜)、デビッド・ポリツァー（1949〜）らにより独立に、QCDの持つ漸近的自由性という性質が発見され理論の進歩が起こった。QCDでは、クォークの色の強さが遠距離（低エネルギー）では強くなるが、近距離（高エネルギー）では弱くなり、動ける自由度が増すという考え方である。漸近的自由性は、グルーオンが逆遮蔽の性質を持つからであるとされ、クォークの性質を説明するのに都合がよい。

ワインバーグ-サラム（WS）の理論

電磁相互作用が量子電磁力学（QED）で記述され、強い相互作用が量子色力学（QCD）で記述されるとすれば、弱い相互作用を記述するゲージ理論は、ワインバーグ-サラム（WS）の理論である。これは、1967年に、パキスタンの物理学者アブダス・サラム（1926-1996）とアメリカの物理学者スティーヴン・ワインバーグ（1933-2021）が提唱した、電磁相互作用と弱い相互作用を同時に統一して記述する、いわゆる統一場の理論である。この電弱統一理論が、二つの力の違いは対称性の破れによるということを示したのはめざましい成功であった。

弱い相互作用を媒介する場の量子は、Wボソンと呼ばれる（Wはweakの意味)。ワインバーグ-サラム（WS）の理論は、弱い力の結合定数が電磁場の結合定数（すなわち単位電荷）と同じものとしたら、という考えから出発する。この場合Ｗボソンの質量は40GeVと計算されるが、ハドロンの質量（1GeVくらい）に比べ非常に重い粒子である。

WS理論では、$W^{\pm}$ボソンと光子のほかに、中性ボソンZ^0が導入されていて、電荷の変化しない中性過程を引き起こす。1970年代に入って、このような中性過程が実際に存在することがニュートリノビームを使っての実験により確認されている。1973年頃にはWS理論のくりこみ可能性も証明された。1983年、CERN（ヨーロッパ合同原子核研究機構）の電子－陽電子型大加速器により、ＷとＺボソンの存在がWS理論どおりの質量（80-90GeV前後）を持った粒子として確認された。

素粒子の標準理論

これまでに素粒子について得られた知見を記述する理論として、素粒子の標準理論と呼ばれているものがある。しかし、多くの理論家は複雑すぎるように感じており、いくつかのパラメーターは測定することでしか決められないという問題がある。まだ検証されていない部分や理論的に不満足なところもあるので、まだ最終的な理論ではないとみなされている。

標準理論に含まれる素粒子

①物質粒子、②力の場の量子、③補助的な場の量子の3種類に分類される。

①物質粒子

物質粒子は物質の構成要素で、スピンは半整数、フェルミ-ディラックの統計に従い、基本粒子（基本フェルミオン）と呼ばれる。

かつては、電子、核子（陽子、中性子)、湯川中間子などが物質をつくる素粒子だとされていたが、現在では真の基本粒子はクォークとレプトンだと考えられている。

クォーク（u：アップクォーク、d：ダウンクォーク、

c：チャームクォーク、s：ストレンジクォーク、
t：トップクォーク、b：ボトムクォーク）
レプトン（e^-：電子、ν_e：電子ニュートリノ、
μ^-：ミュー粒子、ν_μ：ミューニュートリノ、
τ^-：タウ粒子、ν_τ：タウニュートリノ）

基本粒子は、3つの世代に分類されているが、世代番号を定める理論的根拠はなく、普通の物質は全て第1世代の基本粒子からできている。

電荷とスピンは必ず最小単位の整数倍に量子化されているが、質量には規則性が見られず、量子数は全て同じで質量だけが違うものもある。

②力の場の量子（ゲージ粒子）

力の場の量子は、電磁気力、強い力、弱い力を媒介するゲージ場の量子で、スピンは1、ボース-アインシュタインの統計に従い、ボソンと呼ばれている。

強い力のゲージ場の力学がQCDである。その量子であるグルーオンは、クォークの色荷と呼ばれる性質に関連して8個あると考えられている（g_1、g_2、g_3、g_4、g_5、g_6、g_7、g_8）。

電磁気力がゲージ場の典型的性質を備えたクーロン型であるのに対し、弱い力は湯川型で到達距離が非常に短い。電磁場の量子である光子の質量は0だが、弱い力の量子は100GeV程度という大きな質量を持っている。弱い力の量子（ウィーク・ボソン）は、電磁的電荷が±1のもの（それぞれW^+、W^-）、と0のもの（Z^0）がある。W^+とW^-はお互いに反粒子である。

荷電レプトンは電磁気力を及ぼすことができるのに対し、ニュートリノはできないが、電弱統一が実現する条件のもとでは、ウィーク・ボソンの働きでニュートリノは荷電レプトンに変換されるようになるという。

③補助的な場の量子（真空粒子）

標準理論は、ゲージ対称性という原理を満たす理論（ゲージ理論）であり、この理論は粒子の質量（重さ）がゼロであることを要求している。標準理論が素粒子の基本理論となるためには、粒子の質量はゼロでなければならないが、現実の素粒子は質量を持っている。このために仮定されたのが、1964年、イギリスの物理学者ピーター・W・ヒッグス（1929～）により提唱された、ヒッグス粒子による質量獲得のしくみ、ヒッグス機構（ヒッグスメカニズム）である。これは、相互作用の対称性は維持しながら、対称性の破れを真空の相転移によるとするものである。ヒッグス粒子は、スピン0のボソンであり、ボース-アインシュタインの統計に従う。ヒッグス機構では、真空のエネルギー状態が高い状態から低い状態に移ることにより、対称性が自発的に破れ、この時ゲージ粒子は質量を持つようになるという。

ヒッグス場は、弱い相互作用を実現するために弱いゲージ場の量子WとZに質量を与えるための補助場として導入された。ヒッグス場はゲージ場ではないが、粒子の質量は全てヒッグス場との結合定数に比例して生じ、物質粒子にも質量が与えられるという。空間は真空粒子ともいうべきヒッグス粒子で埋め尽くされていて、Wボソンの質量は本来ゼロであるが、ヒッグス粒子とぶつかる抵抗で光速度では走れなくなるので質量を獲得したものと考える。弱い力は、レプトンとクォークのどちらにも働き、これらの粒子は全てヒッグス粒子による抵抗のために質量を得る。光子はヒッグス粒子の抵抗を受けずに光速度で移動できるので、質量がゼロのままである。

標準理論の問題点

標準理論にはヒッグス粒子の存在が仮定されているが、それが証明されていないうちは正しい物理理論とはいえない。標準理論は、ヒッグス粒子による質量獲得のしくみを示しているが、ヒッグス粒子の質量を正確には予測できておらず、加速器実験を困難にしていた。

2012年、ヒッグス粒子とみられる粒子が、欧州原子核研究機構（CERN）

で発見され、その質量は陽子の130倍であることが決定された（約126GeV)。この粒子が真にヒッグス粒子であれば、標準理論は信頼ある基本理論といえるかもしれない。

しかし、まだ私たちの理想にかなう真の理論だとは言えない理由のひとつは、強い力、電磁気力、弱い力が完全に統一されていないことである。

3つの力の統一を大統一といい、大統一理論にはいろいろな候補があるので、これらは一般にGUTS（Grand Unified Theories）（ガッツ）と言われている。この理論の基本的考え方は、大統一エネルギーという非常に高いエネルギーレベルでは、これら3つの力は全て同じ強さで1つの力に統一されていたというものである。大統一エネルギーの値は、少なくとも10^{15}GeVに達しているはずであると考えられている。この条件下では、大統一エネルギーに相当する質量を有するX粒子がクォークをレプトンに変換するといわれているが、加速器で直接検証するのは不可能である。

クォークがレプトンに変化するということから、クォークでできている陽子が自発的に崩壊して軽い粒子（レプトン）になるという予測がある。大統一理論によると、陽子の寿命は10^{32}年と長いらしいが、これは平均寿命であり短い寿命で崩壊するものもあると考えられる。カミオカンデ、スーパーカミオカンデで検証が行なわれたが、予測ほどの頻度では検出されていないようである。また、大統一理論が予言するモノポール（磁気単極子）の存在も確認されていない。

大統一理論は、理論から決定できず、観測結果に合わせて選ばなければならないいくつかのパラメータを含んでいる点で不完全な理論である。また、大統一理論ではアインシュタインの重力理論はまだ含まれていない。

標準理論がまだ理想にかなう真の理論だと言えないもう1つの理由は、粒子の世代の数や質量について説明できないことである。

フェルミオンが３つの世代を持つのはなぜなのか？

本当にヒッグス粒子が素粒子に質量を与えているのだろうか？

究極の素粒子は、こんなに多く存在する必要があるのか？

このようにいくつかの疑問が生じるが、素粒子の標準理論は理論的に答えられない。ただ、質量の起源やスペクトルについては、標準理論においてだけのことではなく、一般的にもよく理解されていない問題である。多くの物理学者は、全ての力を統一する理論の構築により、これらの疑問は解決されると信じており、全ての力が統一されるべきであると考えている。

標準理論の今後

素粒子物理学の動向として、宇宙論と結びつけられることがある。

素粒子論によると、宇宙が高温、高密度で誕生して10^{-44}秒（プランク時間）後に、第1回目の真空の相転移が起こり、ただ1つの力から重力が最初の力として枝分かれした。相転移とは、水蒸気が水になったり、水が氷になったりするような一変する状態変化をいう。強い力、弱い力、電磁気力が大統一されていた時代で、この時のエネルギーは、10^{19} GeV（プランクエネルギー）、宇宙の物質粒子は、クォークとレプトンの間に区別なく、またゲージ粒子も質量ゼロのまま区別のつかない状態であった。

宇宙誕生から10^{-36}秒経過した時、第2回目の相転移が起こった。宇宙が直径10^{-25} cmの大きさになり、温度が10^{28} Kまで下がったとき、ヒッグス機構によりX粒子が10^{15}GeVの質量を獲得して他のゲージ粒子と分かれた。その結果、強い力と電弱力が枝分かれして、同時にクォークとレプトンが分かれた。また、モノポールの発生も起こったという。

宇宙はさらに膨張して、誕生から10^{-11}秒後、真空のエネルギーは100GeV、温度は約1000兆度（10^{15}K）、直径は約1天文単位（太陽と地球の距離）くらいになったころ、第3回目の真空の相転移が起こった。この結果、ゲージ対称性の自発的破れが起こり、ウィーク・ボソンが質量を獲得して、電弱力は電磁気力と弱い力に分離した。この段階ではまだ、クォークはグルーオンにより結びついてはいなかった。

宇宙誕生から10^{-10}秒後の時点で、10億個の反粒子に対して粒子が1個だけ多く、やがて粒子と反粒子は消滅しあって反粒子は減り、粒子の方が多く残った。

宇宙誕生から10^{4}秒後、第4回目の相転移が起き、宇宙の温度が、約1兆Kに低下したところで、クォークはグルーオンに束縛され、バリオンが形成された。陽子や中性子はこうしてできたが、電子やニュートリノは既に存在しており、宇宙誕生から4秒後には、全ての反粒子は無くなったと考えられている。

素粒子の標準理論は100GeVのエネルギーの程度までは正しいということが実証されているが、大統一エネルギーのような高いエネルギーレベルでは、実験の面でまだはっきりした成果は得られていない。これに対し、1970年代に完成された超対称性理論のように、純理論の方面ではいろいろなアイデアが出されている。

超対称性とは、ボソンとフェルミオンとの間の対称性を議論する考え方で、それまでの対称性の概念と違って、時空的性質が異なるものの間の対称性である。すなわち、物質粒子と場との統一であり、フェルミオンとボソンとの完全な対称性である。その意味するところは、1つのボソンに対して、それとスピンが1/2だけずれた電荷や質量が同じフェルミオンが存在し、これらフェルミオンとボソンの成分の数も同じであるというものである。

電子は超電子という力を伝える粒子と、光子（フォトン）は超光子（フォティーノ）という物質をつくる粒子とペアになっていると考えられている。つまり、物質をつくる粒子と力を伝える粒子は全て、各々超対称性粒子と呼ばれる粒子とペアになっているというのだ。これらの組み合わせは知られていないので、超対称性が自然界に本当に存在するとしたら、個々の粒子にそれぞれ未知の重い超対称性粒子が同じ数だけ存在することになる。

超対称性の理論では、バリオンがレプトンへ変換することや、その逆にレプトンがバリオンに変換することも予言されている。この理論では、ヒッグス粒子にも質量の異なるいくつかの種類があると考えられており、軽いヒッグス粒子が見つかると、そのエネルギー領域の近くでたくさんの超対称性粒子が発見されるらしい。ただし、軽いヒッグス粒子が無い場合、超対称性粒子も見つからず、超対称性理論が間違っていることになるという。

まだパートナー粒子は確認されておらず、自然界に超対称性の徴候が無いのに、その数学的な性質の美しさと新しい数学形式を作ろうという意欲から、超対称性の理論に興味が持たれてきた。理論の発展と実験能力の限界のため、理論と実験との足並みがそろわなくなってきている。素粒子物理学は1つの転換期を迎えているのかもしれない。

著者の見解

前にも述べたが、素粒子論で素粒子とされている粒子は全て、真の素粒子の複合粒子であると私は考えている。それでは真の素粒子とは何か？これについてはRM理論のところで詳しく論じるつもりであったが、複雑な素粒子論をわかりやすく理解するために、ここで先にRM理論の一部を紹介したいと思う。

RM理論で全ての粒子のもとになるのは、プラスの電荷を持つ粒子（プラス粒子）とマイナスの電荷を持つ粒子（マイナス粒子）の2種類の素粒子だけである。もちろん点状粒子ではなく球状の粒子であり、その大きさはプランク長さ（10^{-33} cm）程度で、これらが結合することによりいろいろな粒子を形成する。プラス粒子とマイナス粒子は、裸のままで存在することはできず、お互いがくっついてペアになった粒子（プラマイ粒子）を形成する。これが宇宙で最も基本となる粒子、光の粒子である。プラマイ粒子は電気的に中性であるが、電荷を持たないわけではなく、プラスとマイナスの両電荷を持っているため電磁気力を媒介することができる。プラス粒子にプラマイ粒子が何個かくっついたものがプラスの電荷を持つ粒子（陽子、陽電子など）、マイナス粒子にプラマイ粒子が何個かくっついたものがマイナスの電荷を持つ粒子（反陽子、電子など）、プラマイ粒子が何個か集まったものが、電荷が中性の粒子（中性子、ニュートリノなど）である。私たち人間がミクロ粒子として認識できるものは、相当数のプラマイ粒子がくっついたものであると考えられ、その数が違ったとしても性質が同じなら、人間にはその違いが感知できず、同じ粒子と認識されるだろう。また、プラマイ粒子の数が同じでも、そのくっつき方の違いにより、いろいろな構造が考えられ、スピンの違いに現れる可能性がある。現実に確認できる粒子は、構造的に安定なものであり、この宇宙で存在価値の高いものであると考えられるが、加速器の実験で確認された粒子であっても不安定なものは、それほど存在意義を考える必要などないのではないかと私は考えている。

マクロの世界では、重力質量と慣性質量は等価であることが確認されており、数学的に加減（足し算引き算）ができる量である。マクロの物質がミクロの粒子（素粒子論で素粒子と呼ばれている粒子）の集合体であるなら、ミクロの粒子の質量も加減できる量のはずである。現代物理理論では、光子は振動数に比例するエネルギーを持っているが、質量は持たないとされている。しかし、$E = mc^2$ からエネルギーは質量に変換され得るものであり、人間が感知できないレベルであってもいくらかの静止質量を持っているとすべきだ。そうすれば、プラマイ粒子（光子）の質量が集まってミクロの粒子の質量となり、それがさらに集まってマクロの物質の質量になると説明できるのである。ただここで、やっかいな問題がある。それは、ミクロの粒子の重力質量が測れないという問題である。重力質量を測るためには、重力が働くほどの大きな質量が必要だからである。このためミクロの粒子では慣性質量が測定されているが、ミクロの粒子に関しては慣性質量と重力質量が必ずしも等価であるとは限らないのではないかと私は考えている。なぜなら、ミクロの粒子を動かす時の力も、ミクロの粒子が動いた時に抵抗となる力も電磁気力であり、同じ重力質量であったとしても、電磁気力を受けやすい構造であるかどうか、またその体積の大きさなどにより、慣性質量が違ってくるのではないかと考えられるからである。ミクロの粒子の質量に一貫性がないのは、これに加え、プラマイ粒子がくっついたり離れたりするのにも一貫性がなく、これを予測するのも観測するのも難しいためではないかと考えられる。

自然界には4つの力があるとされ、これらの力を統一することが万物理論の目標の1つとされる。しかし、もともと同じ力の現れ方を人間が別々なものと解釈しているにすぎないのではないかと私は考えている。RM理論では、自然界に存在する力は引力と斥力の2種類だけである。素粒子論で素粒子と呼ばれている粒子が複合粒子であるように、それらの間に働く力も複合力であるといえる。例えば、核力の1つである強い力は、プラスの電荷を持つ陽子同士がせまい原子核に存在するには、電磁気力よりも強い力で結びついているはずだという発想から、強い力という概念が生まれた。しかし、陽子であれ中性子であれ、プラスの電荷を持つ粒子とマイナスの電荷を持つ粒子の複合粒子であると考えるなら、特別に強い力を持ち出す必要性はないのではないのか？　同様に、弱い力というものを想定しなくても、ミクロの粒子は引力と斥力を内在しており、不安定な複合粒子のうち弱い結合部分が切り離されて他の粒子に変化することは可能なのではないのか？　こう考えると、弱い相互作用に関しては統一的な予測を行なうのが困難であり、保存則や対称性が破れて観測されることもうなずける話である。

重力のみは素粒子論で統一されておらず、他の力に比べて極端に弱いとされている。もともと重力は、マクロの物質の間に働く力としてニュートンにより発見された力である。誰もミクロの粒子の間に重力が働いているかどうかは知らない。私は、ミクロの粒子の間もマクロの粒子の間も同じ力が働いているが、ミクロの粒子の場合は電気力と呼び、質量が大きなマクロの物質の場合は重力と呼んでいるにすぎないと考えている。電気力に関するクーロンの法則と、ニュートンの万有引力の法則との類似性はよく知られた事実であり、どちらも力の大きさが物体間の距離の

2乗に反比例する逆2乗の法則が成り立つ。

ではこの力の大きさの違いはどこからくるのか？

また、なぜ質量により重力が生み出され、なぜ、重力は質量の大きさに比例して大きくなるのか？

これらの疑問に対して現代物理理論は明確な答えを示してくれないが、第2部のRM理論の世界で、私なりの解釈を述べてみたいと考えている。

ニュートン力学では、重力は質量を持つ物体同士の間に働く引力として扱われている。アインシュタインの一般相対性理論では、重力は空間の歪みと表現され、光も歪んだ空間に沿って進むため曲がって見えるとされた。しかし、なぜ質量が時空を曲げるのかについては説明してくれない。この点についても、これまでの私の説明でわかるように、質量が時空を曲げているのではなく、大きな物体の中にあるミクロの粒子が、時空にあるプラマイ粒子を引きつけることにより時空が歪むのである。光は振動数に比例した回転運動をしながらエネルギーを持ち光速度で運動しているため、一般の天体に引きつけられることはないが、ブラックホールのように極端に高密度で重力の大きい天体では、光さえも引きつけられてしまう様子がイメージできるのではないだろうか。ここで重要なことを繰り返すが、重力が電磁気力と同じ力で支配されている限り、重力も引力と斥力の両方が働いているということである。引力と斥力が同時に働く時、勝つのは引力である。磁石を近づけると、回転してでも引っ付いてしまうことからイメージできるだろう。光の粒子は、プラスの粒子とマイナスの粒子の対であると説明したが、エネルギーを持ち回転していれば引力に逆らうことができるが、エネルギーを失うと吸収されてしまうことになるのだ。第9章の宇宙論のところでも論じられるが、もし重力が引力だけのものなら、アインシュタインの直感どおり、宇宙は安定でいられず、すぐにつぶれてしまうだろう。そして、私の考えるところによれば、宇宙はビッグバンのような大爆発で始まることも、膨張することもないだろう。

素粒子論では、力の伝達にそれぞれ力を担う粒子を必要としているが、私はこの点においても疑問に思っている。本当に、重力が重力子（グラビトン）により媒介されているのなら、グラビトンは私と地球の間を含め、時空のいたるところにあふれているはずで、観測されないのはおかしいのではないのか？　また、遠く離れた天体間に働く重力もグラビトンの交換によるものとすると、いったいどれだけの数のグラビトンが必要なのか？　宇宙の最高速度である光速度で交換されたとして、何万光年も離れた天体と相互作用できるのか？　など、疑問はあふれるばかりである。

前にも述べたが、素粒子論では素粒子は点状粒子とされており、点状粒子ならスピン0のはずであるが、いろいろなスピンの粒子が想定されており、この点でも疑問に思っている。複合粒子ならスピンの概念も受け入れやすいのであるが、半整数スピンというのはイメージしにくい。いかにも数学的な世界の産物のようであり、物理的なイメージではとらえにくいのである。光子のスピンが1であるというのは私のイメージ通りであり理解しやすいが、それ以外の粒子がなぜそのスピンなのかについては説明が乏しいため理解できない。ニュートリノに関して言えば、最も単純な構造として私は、プラス粒子とマイナス粒子がそれぞれ隣り合わせに8個で立方体をつくったようなものをイメージしている。なぜなら、この構造のものが電気的に他の物質と反応しにくいのではないかと考えるからである。このニュートリノと反ニュートリノは回転の向きでしか区別がつかないことになり、ニュートリノは左巻き、反ニュートリノは右巻きしか見つかっていないことの説明になる。しかし、ニュートリノ振動が確認されるような質量のあるニュートリノは、もっと大きな構造を持つと推定されるので、さらに検討が必要であろう。ただ、人間が同じニュートリノと判断していても、感知できないレベルの違いはあるはずで、それを確定するのは難しいのではないかと私は考えている。

無限大問題に対するくりこみ理論の考え方は、私のミクロの世界のイメージに共通する部分があり理解しやすい。しかし、素粒子を点状粒子としているところから出発している点で、納得できないものである。できれば裸の電荷、裸の質量部分を規定して、無限大ではなく、その粒子固有の有限の値を差し引いたり、加えたりしたものが全電荷、全質量になるように計算できれば理想であるが、難しい課題であろう。湯川の非局所場理論、素領域理論は、最近の本にはあまり登場せず、中間子論に比べてそれほど注目されなかった理論かもしれないが、私の考えに共通するものがあり本文に取り上げた。

クォーク理論は、その真偽のほどは定かでないが、現在の素粒子論の主流となっている。クォークの仮定により、多くの粒子を説明できるのかもしれないが、それが真の素粒子なら、再現性よく単独で取り出せるべきである。そうでなければ、理論上の仮定粒子でしかなく、実験結果を説明するための便宜上の存在でしかないように思える。たとえ、実際に存在していたとしても、前述したようにクォークも複合粒子であると考えられるので、単独で存在できないための納得のいく説明が必要であろう。

ヒッグス粒子についても理解できないことが多い。素粒子の標準理論では、粒子の質量がゼロであると規定されているのに、実際は質量を持っているのはなぜか、ということを説明するために導入されたらしい。点状の粒子が空間を埋め尽くした状態を、私はイメージできない。その空間を、どうやってミクロ粒子は動くことができるのか？　同じく、素粒子論で点状粒子と仮定されたミクロ粒子の質量の違いはどこから生まれるのか？　なぜ光子は、ヒッグス粒子の抵抗を受けないのか？　最初に答えありきで、光子の質量がないと規定されているから、抵抗を受けないと説明しているだけなのではないのか？　発見されたとされるヒッグス粒子が、なぜヒッグス粒子であるといえるのか？　ヒッグス粒子の質量はどうやって得られたのか？　これらの疑問に対して納得のいく説明が必要であろう。

超対称性理論は、物質をつくる粒子と、力を伝える粒子との統一を目指す理論であるとされるが、力を伝える粒子がその力を伝えているということを、いつどうやって確認したのか？　加速器の実験で発見された粒子が、理論で予測される粒子に近い性質があるからといって、その粒子がその役割を担っているということの証明にはならないのではないのか？　加速器の実験で見つかる粒子の大半は、その存在意義のわからない粒子であるはずで、そのほとんどを無視して理論に合う粒子だけを追いかけるというのは誤った解釈に導く危険性をはらんでいると考えられる。スピンが半整数の粒子というものが私にはイメージできないので、スピンが1/2だけずれたボソンとフェルミオンのペアが存在するという理論に対して、私にはその真偽を判断できない。まだパートナー粒子は確認されていないらしいが、発見されたというニュースが流れても、私は素直に信じる気にはなれないだろう。超対称性理論が予言する、バリオンからレプトンへの変換やその逆の変換については、それらがともに複合粒子であると考えるなら、起こる可能性はあるだろう。そのため、それが発見されたからといって超対称性理論が正しいといえるわけではない。変換は、不安定な粒子から安定な粒子に向かう方向が一般的であると考えられるので、それを予測するには、その構造解析とシミュレーションが必要であろう。

第９章　宇宙論

宇宙の大きさと構造

宇宙における大きさ

この宇宙には、10^{-34} cmから10^{28} cmまでの間の範囲の中に、いろいろな大きさのものが存在している。

小さい方から、

10^{-33} cmは、プランク長さである。

10^{-16} cmは、素粒子の大きさくらいである。

10^{-13} cmは、原子核の大きさくらいである。

10^{-8} cmは、原子の大きさくらいである。

10^{-7} cmで、電子顕微鏡で像が見えるくらいである。

10^{-5} cmで、光の波長より短くなり、光学顕微鏡では見ることができない。

10^{-3} cmが、アメーバのサイズである。

10^{2} cmが、人間のサイズである。

大きい方では、

10^{9} cmで、地球くらいの大きさである。

10^{11} cmで、地球の周りの月の軌道くらいである。

10^{13} cmで、太陽の周りの地球の軌道くらいである。

10^{15} cmで、海王星までの全ての惑星が含まれる。

10^{17} cmで、太陽系が含まれ、彗星の巣であるオールトの雲くらいの距離である。

10^{19} cmは、周りの恒星に届く距離である。

10^{23} cmは、私たちの銀河系の大きさである。

10^{25} cmは、私たちの銀河系を含む局部銀河郡の大きさである。

10^{27} cmでは、超銀河団がたくさん入っている。
1.5 × 10^{28} cm（150億光年）で、宇宙の地平線に達する。

宇宙のスケールを示すには、センチメートルより大きな単位が用いられる。
1天文単位は、地球の平均軌道半径（地球から太陽までの距離）で、149,597,870kmである。
1光年は、光が1年かけて進む距離で、9兆4600億キロメートルである。
年周視差を基にしたパーセクという単位を使う場合もあり、1パーセクは光が年周視差1秒角に対応する距離を表し、約3.26光年である。

宇宙の構造と規模

太陽は１個の単独の星であるが、多くの星は連星を形作り、もっと大きな星団の一員となっている。私たちの銀河系は、直径約10万光年で、円盤を構成する部分に、太陽を含む何十億個の数の星がある。中心部のふくらみ（バルジ）をつくる星もあり、全部で約1000〜2000億個くらいはあるらしい。
通常は、恒星が数百個から数十億個、多い場合1兆個ほど集まった銀河が単位となる。この宇宙にはそのような銀河が2兆個もあるとされるが、ばらばらに存在するのではなく集合して構造をつくっている。
銀河が数個から数十個集まって銀河群をつくるが、その典型的な大きさは数百万光年である。銀河群より規模が大きく、数十個から数千個の銀河の集まりであるものが銀河団である。これら銀河群や銀河団は、銀河各々の相互引力によって結束している。銀河団や銀河群が連なってできる銀河の集合体が、直径が1億光年もある超銀河団であり、宇宙はこのように階層的な構造を持っている。
銀河団や超銀河団はお互いに遠ざかっており、これは宇宙全体として膨張しているためである。このような大規模構造が観測されているが、その中には1980年代に発見された、超空洞（ボイド）と称される銀河の密度が極端に低い広大な領域があり、大きさは1～2億光年にも及ぶ。宇宙は、蜂の巣のような分布をしているらしく、泡のようにも見えることから、泡構造とも呼ばれている。

1988年には、銀河の密集領域が、何億光年という規模の長さや幅を持つ壁をつくって私たちを取り巻いている、いわゆる、宇宙における万里の長城（ザ・グレート・ウォール）の存在も報告された。さらに1990年には、銀河系の北極および南極方向ともに、銀河の密集領域が約4億光年間隔で周期的に並んでおり、20層以上見えることが報告されている。

1960年代に発見されたクェーサーは、強い電波を発する天体で、その電波は赤方偏移がきわめて大きく、遠ざかるスピードがきわめて大きい(秒速何万キロメートル以上)。この天体が、宇宙の果てくらい遠くにあるのに観測できるのは、クェーサーの放射するエネルギーが、非常に強力なためである。クェーサーは、100億年以上前に存在していたと考えられ、初期の頃の宇宙の姿を教えてくれる天体である。このクェーサーにも大規模構造らしきものが認められるらしく、宇宙の構造はかなり古い宇宙からつくられだしていたようである。

天文学と宇宙論で、今なお完全に理解されていない大きな問題の1つは、恒星からなる銀河全体と宇宙という大規模構造とがどのように発生したかということである。小規模構造から銀河が築き上げられていったのか、大規模構造が最初に形成され、その断片化や収縮によって銀河が形成されたのか？　後者の方が有力視されており、1960年代に、重力不安定説として提唱されている。この説をもとに銀河の形成や宇宙の大規模構造を考える場合、暗黒物質（ダークマター）と呼ばれるものの存在を考える必要がある。暗黒物質の質量は、目に見える物質の質量の10倍以上だと考えられており、光や電波は放出しないが、周りに重力を及ぼすためその存在が知られている。この暗黒物質の重力により、目に見える物質が集まり宇宙の大規模構造ができたと考えられている。

宇宙に縁は無いとされるが、地球から見た認知可能限界はある。宇宙の規模（宇宙をどこまで見ることができるかという距離）は、150億光年くらいであるが、宇宙には特別な場所はない、という宇宙原理から、地球は宇宙の中心ではないので、その距離のかなたには見ることができない宇宙がもっと拡がっている。

宇宙論の始まり

人類は、神話や宗教的背景をもとに天地創造の物語をつくり出し、哲学的考察による宇宙論、そして天体観測に基づく自然科学的宇宙観を誕生させた。その中で、天動説から地動説への移行は、人類がより客観的な見方のできる自然科学としての宇宙論にたどり着いたという意味でその意義は大きい。アインシュタインの一般相対性理論ができてから、時間と空間を総合的にとらえた存在である時空そのものを科学的対象にすることが可能になったのである。

膨張宇宙

1913年、アメリカの天文学者ヴェスト・メルヴィン・スライファー（1875-1969）は、光の赤方偏移から多くの銀河が地球から遠ざかっているのを発見した。この発見は、宇宙が膨張していることを示す最初のヒントであったが、彼はその意味がよくわかってはいなかった。

赤方偏移はドップラー効果によるもので、速度ｖで遠ざかる天体の波長λは、ｖと光速ｃとの比（ｖ／ｃ）の割合で波長の長い方へずれるという関係がある。

宇宙の方程式

1917年、アインシュタインは、一般相対性理論の方程式（重力場の方程式）を、物質が均一に分布している有限な宇宙に当てはめた場合、どのような解が得られるかを検討し、宇宙モデルを作ろうとした。その時アインシュタインは、大きなスケールで見た場合、宇宙が一様であること（はるか彼方の宇宙でも、地球の近くの宇宙と同じであること）、宇宙には特別な方向もない（等方）ということの2つを仮定して、宇宙の方程式を導いた。現代宇宙論はこの2つの仮定を宇宙原理と呼んでいるが、宇宙には中心が無くどの点も中心に成り得ることを意味しており、宇宙全体を考えるときの大前提にしている。そしてアインシュタインは、慣性力は重力に起源があり、慣性そのものも宇宙に存在する全ての物体が及ぼす重力によって生じるという、マッハの原理を満たす宇宙として、境界が無く有限で閉じた宇宙というものを考えた。しかし、この宇宙は不安定で、自分の重力場方程式で扱おうとすると、そのままでは銀河など物質の重力により宇宙は収縮してしまうことに気づいた。そこでアインシュタインは、自身が信じていた静的な宇宙をつくるために、自分の作った宇宙方程式に、引力に対応する斥力（空間が押し返す力）の項を加えたのである。この斥力の項は、宇宙項、またはギリシャ文字のラムダ（Λ、λ）で表したので、ラムダ項ともいうが、今日では宇宙定数と呼ばれている。アインシュタインは、特殊相対性理論でエーテルの存在を否定した真空に、重力による引力と釣り合う斥力があると考えたのである。

1917年、オランダの天文学者ウィレム・ド・ジッター（1872-1934）は、宇宙定数のために物質の無い空っぽの宇宙が膨脹してしまうという方程式の解を得た。のちに、ド・ジッター宇宙と呼ばれるようになったものである。

1922年、ロシアの物理学者で数学者のアレクサンダー・フリードマン（1888-1925）は、物質のある宇宙について宇宙定数を付け加える前の方程式を解き、もう1つ別の膨張宇宙の解を得た。彼はこれをアインシュタインに報告したが、最初は認められなかった。

アインシュタインの方程式の解には次の3つの可能性があるとされている。

閉じた宇宙

宇宙の物質の質量が大きい時は、宇宙は膨脹から収縮に転じる。

開いた宇宙

宇宙にある物質の質量が小さい時は、宇宙は永遠に膨張を続ける。

平坦な宇宙

2つの境界の場合は、宇宙は減速しながらも永遠に膨張を続ける。

フリードマンは、1つ目の解を導き出したのであるが、これは宇宙が膨脹したり収縮したりするということを示している。しかし、1920年頃には、宇宙の膨張を示す観測データはまだ無かったのである。

1927年、ベルギーの神父であり天文学者でもあったジョルジュ・アンリ・ルメートル（1894-1966）は、物質のある宇宙に宇宙項を加えたアインシュタインの重力場方程式を適用して、ルメートル宇宙と呼ばれる膨脹宇宙の解を発表した。1930年、ルメートルはさらに、宇宙は原初原子と呼ばれる無限小の点から始まり、超放射性崩壊という過程によって、より小さな原子へと分割されていき今日の宇宙に至ったという説を提唱した。ルメートルは、初期の宇宙が超高温の火の玉のようだったとは考えていなかったが、初期宇宙は高密度の小さな卵として始まり膨脹してきたという考えは、ビッグバン宇宙モデルに通じるものがあるといえる。宇宙論的な意味で膨脹宇宙の考えを最初に打ち出したのはルメートルであったが、その重要性を最初に認めたのは、イギリスのエディントンだった。彼は、ルメートル宇宙を膨脹に向かわせる力をアインシュタインの宇宙項に求めたのである。

ハッブルの法則

1925年以後、スライファーの研究を引き継いだエドウィン・ハッブル（1889-1953）とミルトン・ヒューメイソン（1891-1972）は、当時の世界最大口径であったウィルソン山天文台の100インチ大望遠鏡を使って、銀河の動きを観測した。そして、スライファーの24インチ望遠鏡では見えなかったような1億光年以上の距離まで観測し、全ての銀河は高速で地球から遠ざかっているというスライファーの発見を立証した。

ヒューメイソンが銀河の速さを測り、ハッブルは銀河までの距離を測った。ハッブルは、銀河までの距離を精確に測るためにセファイド型変光星を利用したのであるが、これは星の直径が変わることにより変光する（明るさが周期的に変わる）脈動変光星で、その変光周期と明るさの絶対等級との間に一定の関係がある。つまり、変光周期がわかれば星の絶対光度（真の明るさ）がわかる。また、光の明るさは距離の2乗に反比例して減少することから、真の明るさを観測されるみかけの明るさと比較することで、星までの距離が算定できる。ただし、この方法は1000万光年くらいまでの銀河にあるセファイド型変光星にしか暗くて使えないので、ハッブルはもっと遠くの銀河については、銀河全体の明るさを用いた。

こうして測った銀河までの距離と、スライファーやヒューメイソンにより測定された銀河の動く速さの値をグラフに描いてみると、グラフは直線を示し、銀河の後退測度（遠ざかる速さ）と銀河までの距離（銀河の遠さ）との間に比例関係がみられたのである。この関係が今日、ハッブルの法則として知られている膨張する宇宙の法則である。

ハッブルの法則を数式で表すと、v ＝ Hr　となる。

（v：銀河の遠ざかる速度、r：観測者から銀河までの距離、
H：ハッブル定数）

ハッブル定数は、上の式を変形して、H ＝ v／rから求められる比例係数で、観測から決定する。近くの銀河では、この関係は成り立つが、より遠くの銀河については、ハッブル定数はあらゆる時代にわたって常に一定というわけではなく、速度が極端に大きいときには比例関係は成り立たない。当時ハッブルは、距離の推定に用いたセファイド型変光星に関する誤りのため、ハッブル定数から求められる宇宙の年齢を短く見積もってしまった。

ハッブルがこの法則を公表した1929年頃、フリードマンやルメートルによる膨張宇宙モデルが広く知られるようになっていた。アインシュタインは、この頃まで静かで変化しない宇宙という考えに固執していたが、ハッブルの発見後、膨張する宇宙を受け入れることを宣言した。そして、

宇宙項を導入したことを、生涯で最大の誤りと言って、宇宙項を取り除いてしまった。

現在の天文学的観測

1990年代半ばから、ハッブル宇宙望遠鏡で遠くの銀河の中にあるセファイド型変光星を観測することが可能になり、それにより得られたハッブル定数は、Ho ＝ 72 ± 8 km／s／Mpc　とされている。
（Ho：現在での宇宙の膨脹の速さ、Mpc：メガパーセク）

1メガパーセクは、10^6パーセクを意味し、約326万光年で、だいたい銀河間の距離に相当する。

2003年、NASAは、マイクロ波非等方性探査衛星WMAPの観測結果から、ハッブル定数は71であるとして、宇宙の年齢を137（±2）億歳と算出した。さらに、2013年から観測を始めた、欧州宇宙機関（ESA）が打ち上げたプランク衛星は、宇宙の年齢を138（±0.6）億歳と、より精密に書き換えている。しかし、宇宙の膨張率（ハッブル定数）の値は、超新星を観測して得たものと、宇宙マイクロ波背景放射を観測して得たものとは食い違っているという。

宇宙の膨張速度が決まれば、宇宙が平坦である場合の宇宙の年齢が求められ、宇宙が閉じていれば宇宙の始まりまでの時間はもっと短く、開いていれば長くなる。

この宇宙が全体として平坦であるか、曲がっているかを確かめるには、できるだけ遠くまでの銀河を観測しなければならないが、残念ながら現在の天文学的観測でも、宇宙が開いているか閉じているかを決めるところまでは到達できていない。

宇宙論の発展

ビッグバン宇宙論（火の玉宇宙論）と定常宇宙論

1946年、ウクライナ出身のアメリカ人原子核物理学者ジョージ・ガモフ（1904-1968）は、この宇宙の初期は超高密度、超高温の小さな火の玉状態で、それが灼熱の爆発によってつくり出され膨張し始めたという理論を提唱した。これは、銀河同士が遠ざかっているという観察から、時間を逆行してみれば、銀河が全て1点に集まるであろうという発想から出てきた理論である。この時、宇宙の全ての物質は超高密度の塊になっており、温度は数兆度と超高温であったとされ、この宇宙爆発の瞬間こそ宇宙誕生の時を意味する。ただしガモフは、今の宇宙に存在している全ての元素の起源を説明するために、宇宙が超高温・超高密度の火の玉として始まるという理論を考えていたようで、ラルフ・アルファ（1921-2007）、ハンス・ベーテ（1906-2005）とともに、α、β、γ理論という名で論文を発表していた。宇宙が火の玉状態の時、物質は陽子や中性子にばらばらになっていて、それが膨張して冷えていく時、核融合反応によって元素がつくられるというものであった。

一般の科学理論は全て、時空がほぼ平坦であることを前提にしており、ビッグバンのように時空の湾曲率が無限大となる特異点では、これらの理論は成り立たない。そのため、ビッグバン以前に起こっていたことを理解できず、ビッグバン以降に起こることについても予測することができない。そして、時間はビッグバンから始まったと言うことしかできないのである。

時間の始まりに神の介入を考える人もいる。しかし、これを好まない人たちに広く支持を得たのが、宇宙には始まりも終わりもないという定常宇宙論である。この理論は、1948年に、ヘルマン・ボンディ（1919-2005）、トーマス・ゴールド（1920-2004）、フレッド・ホイル（1915-2001）らにより唱えられたもので、宇宙は永遠に変わらず無限に広がっていて、物質の密度は一定であるとするものである。宇宙が膨脹すると宇宙の密度は希薄になり、宇宙の状態が不変ではなくなるため、物質創成の場が考えられた。そこで真空から新しい物質が生み出され、密度が一定に保たれるというのが彼らのアイデアである。そして、ビッグバン理論と命名したのは、定常宇宙論を主張したフレッド・ホイルである。

ビッグバン理論は、宇宙がなぜ大爆発を起こしたのか、という問いに答えることができないという問題があり、定常宇宙論には、何も無い真空から物質が誕生するという問題点があった。エネルギー保存則や質量保存則といった科学の世界にある保存則は、無から有を生じさせるのを禁じている。

宇宙背景放射

1948年、ジョージ・ガモフらは、宇宙の非常に熱い初期段階に発生し、宇宙の晴れ上がりと呼ばれる時期に約4000K（絶対温度4000度）であった光の放射が、宇宙の膨脹につれて温度が下がり、現在では数度（8Kの電波）になっていると予測した。そして、その放射（火の玉の名残であるマイクロ波の電波）が宇宙を一様に満たしており、それを見つければ宇宙が爆発で始まったことを証明することになると予言していた。

1965年、アメリカ、ベル研究所の電波天文学者アルノ・ペンジアス（1933〜）とロバート・ウィルソン（1936〜）は、天空のあらゆる方向からやってくるかすかな（約3Kの）電波を発見した。最初彼らは何らかの雑音であると考えていたが、プリンストン大学で研究していたアメリカ人物理学者ロバート・ディッケ（1916-1997）とジェームズ・ピーブルズ（1935〜）らにより論じられていた、初期宇宙の放射が宇宙の膨張のために赤方偏移したものであることがわかったのである。これは、宇宙マイクロ波背景放射（Cosmic Microwave Background：CMB）と呼ばれ、ビッグバン当時に放射された電磁波の名残とされ、ビッグバン理論を支持する証拠とされた。

また、当初ガモフは、ビッグバンで全ての元素がつくられるとしていたが、その後ビッグバンの時につくられるのは、重水素、ヘリウム、リチウム、ベリリウム、ホウ素など軽い元素だけであることが明らかになり、理論的に予測されるヘリウムの量が実際に観測される量と一致することもわかった。より重い元素は星の中で核融合反応によってつくられるが、それは鉄までで、それより重い元素は超新星爆発によって生み出されると考えられている。

望遠鏡で遠方の銀河を見る時、それは現在の姿を見ているのではなく、過去の宇宙を見ている。アメリカの天文学者アラン・サンデージ（1926-2010）は、200インチ望遠鏡を用いて60億光年まで捜索し、過去には現在よりもっと速く宇宙が膨張していたことを示した。これは定常宇宙論に反する結果であり、宇宙が爆発して誕生したことを強く支持している。

その後、1989年末に打ち上げられた宇宙背景放射探査衛星COBE（コービー）による観測結果は理論値とピッタリ一致し、その温度は2.725Kであった。

これにより定常宇宙論は完全に否定され、ビッグバン理論が宇宙の誕生と進化を示す宇宙論の標準的モデルになっていった。

ビッグバン理論の問題点

ビッグバン理論は標準的宇宙論とされているが、問題点も指摘されている。

モノポール問題

反物質は、反粒子からできた物質で、反粒子とは、通常の粒子とは電荷などの性質が逆になった粒子である。ビッグバン期、熱い素粒子のスープの中で、粒子と反粒子が同じくらいの数で生まれているはずであるが、自然界には粒子が多く反粒子があまり存在しないのは何故か？

この問題を、大統一理論で考えると回避できそうなことが指摘されている。力には、強い力、電磁気力、弱い力、重力の4種類あるが、過去にさかのぼると、もとは1つの力であったと考えるのが、力の統一理論である。電磁気力と弱い力を統一する理論は、電弱統一理論（ワインバーグ・サラム理論）と呼ばれ、それに強い力を統一しようというのが、大統一理論（GUT）である。

大統一理論で現れるX粒子は、他の粒子に壊れる時、粒子と反粒子とでわずかの差が生じるという。この性質を宇宙の進化に適用すると、ビッグバンのときに粒子と反粒子はほとんど対消滅して放射を発生するが、わずかな対称性の破れのため、粒子が10億分の1だけ多くつくられた。この粒子の数は、光子の数に比べて数十億分の1程度であるが、これが現在の宇宙のバリオンのもとになり物質ができたと考えられる。しかし、大統一理論で重力以外の3つの力を説明するには、少なくとも2度の相転移が必要で、その過程でモノポールという粒子が必ず現れることになるのだ。

モノポールは磁気単極子と訳され、ポール・ディラックが電磁気学を拡張し、電気と磁気との対称性を保とうとして考え出した、磁荷が片方だけの仮想粒子のことである。磁石では、N極とS極と2つの磁荷が必ずペアで現われて磁力が働くが、モノポールは磁荷が片方しかない。ただし、大統一理論で予言されるモノポールは、これとは別種であるというが、同じような性質を持つ。

理論から質量が予測されており、密度もわかっており、宇宙の初期の相転移でどの程度できたかを計算してみると、宇宙の臨界密度の100兆倍ものモノポールができたことになる。その結果、モノポールの大きな重力で宇宙はすぐにつぶれてしまうのである。しかも、実際にはモノポールはまったく観測されていない。この理論と観測結果の矛盾が、モノポール問題である。

宇宙の平坦性問題

一般相対性理論によると、宇宙の始まりの時の物質の密度によって、その後の宇宙の進化が異なってくる。その初期条件によって、空間の曲がり方を表す曲率というものが決まってくるのである。曲率が正の値だといつか宇宙は収縮し始め、曲率が負の値だと、宇宙はずっと膨張し続け、そのうちに離ればなれになって中身が無くなってしまう。

私たちの宇宙のように、少なくとも150億年間構造を保ったまま膨張を続けるには、きわめて曲率が0に近くなくてはいけない。つまり、宇宙はほとんど臨界密度（曲率0の宇宙の密度）で誕生しなければならないのである。これが偶然の一致なのかどうか、というのが宇宙の平坦性問題である。

宇宙の地平線問題

互いに因果関係のある領域の境界を宇宙の地平線という。光は宇宙で最も速く情報を伝えられるものなので、因果関係のある領域とは光が届く範囲であるといえる。

宇宙ができて38万年後、光子が自由に進めるようになった宇宙の晴れ上がりの時、宇宙のある点から見た宇宙の地平線は、光の速度に、その時の宇宙の年齢をかけた値（38万光年）を半径にした球状の空間になる。

ビッグバンモデルでは宇宙の膨張が一様に進むので、ビッグバンの膨張によって空間が光よりも速く広がり、光速で情報が伝わったとしても情報は伝わらない。ところが、宇宙背景放射の温度はどこからも、本来なら因果関係のない所からくる放射も同じ温度3Kを示しているのだ。

これが、宇宙の地平線問題である。

インフレーション宇宙論

宇宙が発生したばかりで、まだビッグバン時代になる以前に急激な膨張時代があったという説を、インフレーション宇宙論と呼ぶ。この理論によれば、誕生直後の宇宙が、10^{-34}秒というごくわずかな時間に、10^{50}～10^{100}倍も膨張したとされている。

インフレーション宇宙論は、1980年代にアラン・グース（1947～）、佐藤勝彦（1945～）らにより別々に提唱されたもので、大統一理論から自然に導かれた理論ではあるが、ビッグバン理論のいくつかの問題が解決される。グースは、インフレーション宇宙論が、ビッグバン宇宙モデルにおける地平線問題と平坦性問題を解決できるとしたのに対し、佐藤は、インフレーション宇宙論の意義は、バリオン数生成の問題、モノポール過剰生成の問題、宇宙の大規模構造形成の種についての問題を解決することにあるということを強調した。

平坦性問題

インフレーションにより、急激に膨張したため曲率がきわめて小さくなり、極端に0に近くなったと考えられる。また、宇宙は私たちが思っているよりも巨大な存在になり、観測できる範囲は、宇宙全体のほんの小さな領域でしかないため、平坦に見えてもおかしくないのだ。

地平線問題

因果関係のあった小さな一様な領域が、インフレーションによって因果関係を持てないほど巨大な領域（現在観測されている宇宙の果てまで入る大きさ）にまで離されたと考えれば、観測される宇宙が同じように見えるのも不思議ではない。

モノポール問題

モノポールがインフレーション前に大量につくられていたとしても、インフレーションによって極端に薄められた結果、私たちが観測できる宇宙にはあっても1個程度となり、見つからないのも当然になる。

インフレーション宇宙論の問題点

最初でこぼこだった宇宙が、本当にインフレーションによって一様・等方な宇宙になるのかという問題がある。これに対して、宇宙無毛仮説というものがあり、それは、最初どんな状態にあった宇宙も、真空のエネルギー（宇宙項）さえあれば、指数関数的膨張によりつるつる頭になってしまうという主張である。

初期のインフレーション理論では、過冷却物質が宇宙定数のように斥力として働いてインフレーションが起こり、過冷却状態にあった粒子のもとが相転移で凍結するとインフレーションは終わり、ビッグバンとして普通の膨張にもどるとされていた。しかし、問題点も指摘され、その後多くの研究者により修正されて、改良されたインフレーションモデルが提案されている。今日のモデルは、インフレーションを生み出すメカニズムとして、過冷却よりも効率の良いインフラトンという特殊な場を導入しており、インフレーション理論は主流の理論となっている。

インフレーション理論による宇宙の進化

宇宙が生まれ、少なくともプランク時間（10^{-43}秒）という短い時間の間には、重力は他の力から分岐していた。さらに、およそ10^{-36}秒経過した時点で、強い力が分かれる（これを、GUT相転移という）。インフレーションは、この10^{-43}秒から10^{-36}秒の間のごくわずかな時間に起こったと考えられている。その間に、10^{-33} cmほどの大きさだった宇宙が、10^{-3} cm以上にまで急激に大きくなったという。一瞬にして、10^{30}倍以上になったことになる。

量子論では、真空は何も無いカラッポの空間ではなく、粒子と反粒子が対で生成したり消滅したりする空間とされ、躍動するエネルギーに満ちた状態である。この真空のエネルギーは、一般相対性理論では宇宙定数と同じ役割を果たすものであり、生まれたばかりの宇宙では、その値もきわめて大きく、巨大な斥力によって宇宙はインフレーションという急激な膨張をするのだ。

初め高かった真空エネルギーは、しだいに低い状態へと移っていき、最も低い状態になった時インフレーションが終了する。インフレーションを起こす原因となっていたのは、インフラトン粒子（またはインフラトン場）と呼ばれるものであり、真空のエネルギーはインフラトンの振動エネルギーになるという。インフラトンの正体はよくわかっておらず、ヒッグス粒子と考えられていたが、いろいろ問題があり、理論上その存在が仮定されたものとされている。

インフラトンは一般の物質とは違って、空間が膨張してもその分増えて密度が変わらないという性質があり、その崩壊によりインフレーションは終わる。宇宙誕生から10^{-27}秒後くらいが経っており、宇宙の大きさは100m程度しかなかった。インフラトンは崩壊に伴って様々な素粒子を生み出し、現在の宇宙に存在する、あらゆる物質や光などは、全てインフラトンの崩壊によって発生したとされる。また、インフラトンのエネルギーも、生成された素粒子のエネルギーへと変換される。その素粒子が衝突し、やがて熱平衡に達し、インフレーションの終了とほぼ同時に(真空のエネルギーは潜熱として解放され)、ビッグバンの熱い火の玉（その温度は10^{22}～10^{29}度K）がつくられる。宇宙の大きさは、1000 kmほどだったと考えられており、その後はビッグバンのシナリオ通りに宇宙は進化する。

1983年、ロシアの物理学者アンドレイ・リンデ（1948～）は、カオス的インフレーションモデルという理論で、量子論的なゆらぎによって場のエネルギー状態の高い領域がインフレーションを継続させ、無限の宇宙が生まれることを示した。このモデルでは、宇宙の相転移や過冷却はなく、ほとんどの領域は永遠にインフレーションを続け、インフレーションを終えた領域は互いに切り離された多数の宇宙になるという。宇宙ごとに物理学の基本法則が違って見えてもかまわず、無数に存在する宇宙の1つとして私たちの宇宙があり、銀河や星や惑星や生命を宿すことができるという考え方である。また、グレートウォールなどの巨大構造から、銀河団、銀河などに至る宇宙の構造は、インフレーション時に物質密度の凸凹として仕込まれた種が、重力によって成長したものだという。母宇宙から子供宇宙、さらに孫宇宙が生まれるという、宇宙の多重発生理論も提唱されているが検証は不可能である。

インフレーション理論の検証

アインシュタインが宇宙を常に静止させるために導入した万有斥力であるラムダ項に対応する力が、真空エネルギーとして働いていればインフレーション宇宙は実現できることから、アインシュタインが後悔して削除したラムダ項が再び注目されている。宇宙の物質は正エネルギーでできており、重力場は、これを打ち消す負のエネルギーを持っている。このため、宇宙の全エネルギーはゼロとなるのである。

画期的なインフレーション理論も、それを直接確かめる観測事実はなく、実際、宇宙の晴れ上がりよりも前のことは観測できないので、状況証拠を集めるしかない。

インフレーションの予言として、インフレーションを引き起こすインフラトンが量子的にゆらぐということがある。このゆらぎが、インフレーション終了後生まれた素粒子という物質の密度のゆらぎになり、さらにそれは、宇宙の晴れ上がりの時の光の温度のゆらぎになるという。このゆらぎのスケールは、因果関係のある領域をはるかに越えた大きさであり、ビッグバン理論ではつくれない大きさである。インフレーションの時に種として仕込まれた密度のゆらぎが、宇宙の膨張につれて重力によって成長し、宇宙の大規模構造が形成されたという理論も発表されている。

実際にCOBE衛星によって温度のゆらぎが発見された（温度差10万分の1）という観測結果は、インフレーション理論を支持する状況証拠として有利なものである。

宇宙論の新たな展開

ビッグバン理論では、宇宙は特異点から始まったことになるが、インフレーション理論も一般相対性理論を前提としているため、インフレーションがあったとしても宇宙の本当の始まりについてはわからない。しかし、インフレーション理論の研究は、宇宙の現在の状態が多種多様な初期状態から生じることを示した点で意義がある。私たちが住む宇宙のために、注意深く初期状態を選ぶ必要がなくなったからである。とはいえ、宇宙がどのように始まったかを知るには、宇宙の始まりの時にも成立していた法則が必要である。

1963年、イギリスの理論物理学者ロジャー・ペンローズ（1931～）とスティーヴン・ホーキング（1942-2018）が数学的に証明した特異点定理は、一般相対性理論が正しいとすると、時間の始まりが無限大の密度と時空湾曲率を持つ点（特異点）であることを示している。特異点では、一般相対性理論を含む科学法則は全て成立しない。特異点定理で重要なのは、量子効果を無視できなくなるくらい重力場が強くなるということを示した点にある。

宇宙の始まりについて論じるには、重力の量子論を用いなければならないが、完全な理論は現時点ではまだない。インフレーション宇宙論は多くの問題をかかえているが、アレクサンダー・ヴィレンキン（1949～）の無からの宇宙創生論、ホーキングの量子宇宙論など、その後の宇宙論の新たな展開のきっかけになったといえる

無からの宇宙創生論

1982年、ウクライナ出身のアメリカ人アレクサンダー・ヴィレンキンは、「無からの宇宙創生」と題する論文を発表した。彼のいう無は、物質のみならず時間も空間も無い状態である。ただし、時空間が泡となって現れては消えていた状態で、量子力学的な意味で絶えずゆらいでいたと考えられる。ヴィレンキンの描いたイメージは、この状態から泡が宇宙となって突然現れるというものだった。まだ時間と空間がはっきりした形で形成されていない間の時間は虚数時間で表され、まだ宇宙は始まっていない。無の量子的ゆらぎによりポテンシャルの山をトンネル効果でくぐり抜け、真空のエネルギーが支配する宇宙が誕生した。そして、さらに山をころがり落ちるように宇宙は急膨張するというシナリオを彼は考えたのである。トンネル効果というのは、電子のようなミクロの粒子は、通常では越えることができないエネルギーの壁を、ある確率でトン

ネルを抜けるように通り抜ける効果のことをいう。つまり、時空が生まれたり消えたりしているダイナミックな無の世界から、ミクロ宇宙が、ある確率でエネルギーの壁を通り抜けて誕生したというのである。

実時間の宇宙は、真空のエネルギーにより指数関数的膨脹を遂げるが、これはインフレーション宇宙そのものになっている。そして、マクロ（1cm程度）の宇宙に成長し、インフレーション後、熱い素粒子のスープが生まれ、ビッグバン宇宙に進化していく。

宇宙の始まりには、空間方向がなく時間方向しかないが、虚数時間が流れていれば、時間方向と空間方向とで実質的な差がなくなる。

相対論による式では、以下のように示される。

（時空の距離）^{2} ＝ （空間的距離）^{2} － c^2 （時間）^{2} （c：光速度）

つまり、時空において、空間方向はプラス要因、時間方向はマイナス要因になる。しかし、虚数の時間が流れていると、時間方向もプラス要因となり、空間方向と時間方向の違いがなくなる。こうして、ヴィレンキンのモデルでは、宇宙の始まりに特異点はなくなる。そして、このモデルでも、宇宙は無限に生じるという。

量子宇宙論

スティーヴン・ホーキングは、アメリカの物理学者リチャード・ファインマンが開発した、量子力学でいう経路積分法と呼ばれる方法を宇宙全体に適用した。宇宙には複数の歴史があるという考えは、ファインマンによって定式化された。ファインマンの経路積分法では、粒子はあらゆる可能な経路を通り、始点から終点に到達する確率は、それぞれの経路が持っている波を足すことで計算することができる。

アインシュタインの一般相対性理論とファインマンの経路積分法を結びつけた統一理論により、どのように宇宙が進化発展していくかを計算できるかもしれない。しかし、この統一理論は、宇宙の初期状態や始まりを教えてくれるものではないため、境界条件と呼ばれる宇宙の果て、つまり時空の端についての法則を必要とする。

1985年、ホーキングは波動関数の数値計算を実行し、様々な経歴についての確率を計算した。彼らが出発点に選んだ宇宙は、ミニ超空間と呼ばれる無限次元の空間である。このモデルに、1983年にホーキングとジェームス・ハートルが打ち出した、宇宙には境界も縁もないという無境界境界条件仮説を導入して解いたのである。そして得られたのは、宇宙には始まりも終わりもないというものであった。この理論でも、宇宙が始まったとき時間が虚数であれば、宇宙の始まりが特異点ではなくなる。ホーキングは虚数の時間が便宜的に用いられる想像上の時間ではなく実際に存在すると主張した。

ホーキングのシナリオでは、宇宙が無からつくられる必要はなく、宇宙は単に時間と空間の形にほかならない。その形が変わる時、つまり虚の時間が実の時間になるとき宇宙が始まるのである。宇宙の誕生は、その前すでにあった真空の変動だと考えられ、時間も空間も既に存在していたことになる。ホーキングとヴィレンキンでは境界条件の置き方が違うとされるが、2人のモデルでも同様に、宇宙はインフレーションを起こし、また、無限に生じるという。

量子宇宙論は、その成功にもかかわらず、基礎となる量子重力理論が未完であり問題も多い。いずれにせよ、生まれた宇宙はすぐにインフレーション宇宙に移っていくので、量子宇宙論もインフレーション宇宙論に通じるものであるといえる。

光速変動理論（VSL : Varying Speed of Light）

1998年、ポルトガルの物理学者ジョアオ・マゲイジョ（1967〜）らにより提唱された理論である。それ以前（1992年）に、ジョン・W・モファット（1932〜）によりインフレーション理論の代替案として提唱されていたが、あまり注目されていなかった。初期宇宙における光の速度が現在よりも大きかったとすると、インフレーションを使わなくても宇宙論的問題のいくつかを解決できるのではないかという考えから生まれた理論である。

特に地平線問題は光速度の制限から生まれた問題であり、初期宇宙では光速は今より大きかったと考えれば地平線問題は解決できる。また、VSL理論の式から、閉じた宇宙では質量が減り、開いた宇宙では質量が生じることになり、宇宙は平坦な形に近づくことになるという。つまり、平坦性問題も解決される。しかし、光速が変化するという考えは、アインシュタインの特殊相対性理論と対立するものである。

VSL理論では、宇宙が膨張するにつれて冷えていき、ある臨界温度に達したところで相転移が起き、光速が非常に小さな値に突然変化したと考えられている。地平線問題を解決できる条件として、VSL相転移がプランク期に起こるためには、光速が10の32乗分の1よりも小さくなった、つまり、もともと光速が今の10の32乗倍であった必要があるという。

インフレーション宇宙を実現するために、アインシュタインが導入し、後に削除した宇宙定数（ラムダ項）が考えられているが、物質と放射線が宇宙の膨張によって薄まるのとは対照的に、真空エネルギーは薄まらないことが問題となる。真空エネルギーが支配する宇宙では、普通の物質は無くなり今のような宇宙は存在していないはずであるとマゲイジョは考えた。

この問題の解決策としてVSL理論では、真空エネルギーを普通の物質に変換し、無に支配されないメカニズムが示されている。そして、宇宙定数自体が光速の変化の原因になるような力学的理論を組み立てることが可能になるという。

1998年、ジョン・W・モファットとマイケル・クレイトンは、バイメトリック幾何に基づいてVSLをさらに発展させた理論を発表した。アインシュタインの重力理論では、重力波の速さと光速はまったく等しいが、モファットらは、光速と重力波の速さが等しくなく、一方は変化するがもう一方は変化しないというシナリオを考えた。このバイメトリック理論では、VSL座標系と重力波速度可変（VSGW）座標系の2つの座標系が使われる。VSL座標系の中で重力波の速さが一定であれば、初期宇宙では光速はきわめて大きくなり、VSL理論で示した効果が実現されるという。一方、VSGW座標系では、光速は一定に保たれ重力波の速さが時間とともに変化する。そして、きわめて初期の宇宙において光速が一定だとしたら、重力波の速さはきわめて小さくなり、そのため宇宙はインフレーションを起こすという。バイメトリック重力場方程式からは、インフラトンのポテンシャルエネルギーを微調整しなくてもインフレーション宇宙が導かれるというのである。

ただしモファットも、このバイメトリック重力理論と彼自身が提唱した最初のVSL理論とどちらが正しいのかはわかっていないらしい。インフレーションモデルと違って、どちらのモデルもアインシュタインの重力場方程式を修正する必要がある。アインシュタインの方程式には、インフレーションを可能にする解は含まれているが、光速を変化させる解は含まれていないからである。

インフレーションモデルもVSLモデルも、きわめて初期の宇宙で生じた重力波のゆらぎのスペクトルを予測しているが、それらは違っているので、原初の重力波の観測ができれば、理論の正しさを判断できるかもしれない。

修正重力理論（MOG）

ジョン・モファットらは、ダークマターを仮定しなくても銀河の運動や銀河団の安定性を説明できる理論として、ニュートンやアインシュタインの重力理論を修正する理論を提唱している。この理論では、ニュートンの重力定数Gが空間や時間とともに変化すること、ファイオン場と名づけられたベクトル場が反発力を生むことなどが仮定されている。

ニュートンの重力理論は逆2乗の法則に従い、物体が遠ざかるにつれて重力は距離の2乗に反比例して弱くなるとされているが、MOGによれば天体が重力源から遠いほど、その天体に作用する重力は強くなる。ただし、距離に伴って重力が強くなるのはある一定の距離までで、それより遠くではニュートンの逆2乗則と同じになる。その距離は重力系の大きさによって決まり、MOGは銀河など重い天体の重力場でないと効果を発揮しないと考えられる。

この理論でも、ビッグバンモデルにおける地平線問題や平坦性問題を解決できるとされ、また、アインシュタインの宇宙定数を使わずにダークエネルギーを説明できるという。MOGの真空エネルギーは、重力自体が反重力成分を持っているとされており、反重力成分は時空や重力そのものの性質として初めから方程式に組み込まれている。この負の圧力と密度を持つ新たな場のエネルギーは、天体が崩壊する際に強い反発力を及ぼし、ブラックホールは形成されないとされる。

MOG宇宙論では、宇宙に始まりはあるがビッグクランチのような終わりはなく、永遠に続くことになる。時刻ゼロには物質もエネルギーも存在せず、重力も時空の曲率もゼロだった。宇宙は爆発も膨張もしておらず、場の方程式を時刻ゼロにおいて解いても特異点は現れない。ただし、大規模ではないが、若干のインフレーションは起こるという。

量子力学的なゆらぎはあり、無（真空）から物質粒子や放射エネルギーが生まれ、この物質の密度と圧力から、クォーク、電子、光子からなる高温で高密度のプラズマが生じ、高温の宇宙スープが形成される。通常のビッグバンモデルとは違い、その密度と温度が、量子重力が重要になってくるプランク密度やプランク温度まで達する必要はない。

モファットは、宇宙の始まりを考える際には、エネルギー保存則と熱力学の第2法則を破ってはならないと考えており、MOGにおいて時刻ゼロにはエントロピーは最小値をとる。物質と放射が生み出されるとエントロピーは増大し、宇宙は完全に無秩序な状態へと進み、その状態が永遠に続くことになる。この時MOG宇宙論の特徴として、エントロピーは正の時間方向だけでなく負の時間方向にも増大する。したがってMOGでは、時刻ゼロから負の方向にも膨張することが可能で、特異点が無いため無限の過去と無限の未来を結びつけることができるのである。

MOG宇宙論は、インフレーションを伴う標準的なビッグバンモデルや他の宇宙モデルとは、時刻ゼロからの重力波の強度と振幅に対して異なる予測を与えているらしく、今後の検証が待たれる。

天文学と宇宙論が示す星と宇宙の一生

星の一生

天文学は、宇宙に始まりがあること、全ての星には、誕生、進化、死というサイクルがあることを明らかにした。

この宇宙の全物質の90%は水素ガスでできている。この原子が偶然に寄り合い、原子同士が互いに引きつけ合うことによって、永久的なガスの塊りを形成する。重力の作用により水素ガスの雲は収縮し、原子は中心に向かってスピードを上げて落ちていく。このためエネルギーが増し、ガスは熱くなり、温度が上がる。この発熱するガス球が初期の星であるが、自分の重力によってさらにつぶれ、中心部の温度が2000万度になると、星の中心部で核反応が起こるようになる。莫大なエネルギーを放出するので、ガス球はそれ以上つぶれなくなり、熱や光の形でエネルギーが放射される。これが、星の誕生である。

太陽の質量の約15分の1以下（0.06倍以下）の恒星は、中心部が核反応を維持する高温にまで達せず、褐色矮星と呼ばれている。褐色矮星は数多くあると推定されているが、明るくないため観測が難しく、どれくらい存在するのかを知ることは未解決の課題とされている。太陽の質量の約50倍以上の質量の恒星は、不安定で急速に核燃料を燃やしつくしてしまい寿命が短い。これらのことから、宇宙に観測される恒星は、太陽質量の0.1倍から50倍の範囲のものがほとんどということになる。

宇宙で観測される恒星のほとんどは、水素のヘリウムへの転換（4個の水素原子核が1個のヘリウム原子核となる核融合過程による核転換）を、主要なエネルギー源としている。星の一生の大半を通じて、内部の核の火は水素を消費しながら燃え続け、酸素、鉄、すず、金、鉛、ウラニウムにまで及ぶ重い元素が後に残る。宇宙の全ての元素は、このようにしてつくられたものである。

星の一生の最後には、核燃料が燃え尽き、星は自分の重力に耐えきれずつぶれてしまう。太陽は100億年くらいは燃え続けるが、その頃からだんだん膨れ始めて赤色巨星という大きな星になり、水星、金星、地球をのみ込むようになる。太陽ぐらいの重さの星なら、中心部にヘリウムができて、さらに燃えて炭素の塊ができると、もはや星が燃えるという反応は止まってしまい、白色矮星となる。

星が小さくなると、物質の粒子は互いに近づくが、パウリの排他原理によると、物質粒子は同じ位置に同じ速度で存在することはできず、互いに遠ざかり星を膨張させるように働く。そのため星は、重力と排他原理による斥力とのバランスにより一定の大きさを保てるようになる。

1928年、インドの物理学者スブラマニャン・チャンドラセカール（1910－1995）は、排他原理の定める斥力に限界があることに気づき、燃料を使い果たした後でも重力に抵抗してつぶれずにいられる星の大きさはどれくらいかを解明した。彼の計算では、太陽の1.5倍以上の質量を持つ燃え尽きた星は、自分自身の重力に耐えきれないことがわかった（この限界質量はチャンドラセカール限界という）。この限界以下の質量の星の場合、最後には収縮がやみ、崩壊によって星の全体が地球の大きさに押しつぶされ、白色矮星となる。白色矮星は、星の物質中の電子同士の排他原理による斥力に支えられている。

太陽のほぼ1.5～3倍という限界質量はあるが、大きさは白色矮星よりずっと小さいような星は、中性子星と呼ばれている。中性子星は巨大な核と考えられ、星全体に中性子と陽子がぎっしり詰まっており、中性子と陽子の間の排他原理による斥力に支えられている。

太陽より6倍以上重い星の場合、最後の崩壊は、その星も吹き飛ばす爆発（超新星爆発）で終わる。この時、太陽の数十億倍の明るさで輝き、星の構成物質を宇宙空間にまき散らす。この爆発の中心は中性子星になるが、もとの星の質量が十分に大きいと、さらにつぶれてブラックホールになるという。

ブラックホール

1783年、イギリスの博物学者ジョン・ミッチェル（1724-1793）は、質量と密度が十分にある星は重力場が非常に強力であるため、光さえもこの星から脱出できなくなるということを指摘した。それから数年後、フランス人科学者ピエール・シモン・ラプラスも同様の指摘をしている。

1939年、アメリカの物理学者ロバート・オッペンハイマー（1904-1967）は、一般相対性理論に従うと、質量の大きい星の半径がある臨界値まで収縮した場合、表面の重力場はあまりに強くなるため光の経路も大きく曲げられてしまい、その結果光はもはや逃げ出せなくなるということを指摘した。

1969年、アメリカの物理学者ジョン・ホイーラー（1911-2008）は、光を含め全てのものが重力場によって引き戻されるような時空の領域をブラックホールという言葉で表現した。ブラックホール（黒い穴）と呼ばれるが、実体は穴ではなく、小さい体積の中に大きな質量を持つ高密度の天体である。ブラックホールの周囲では時間が止まってしまい、時間が凍りつくとも表現される。

特異点定理と宇宙検閲官仮説

1963年、イギリスの物理学者ロジャー・ペンローズとホーキングは、一般相対性理論に従うと、ブラックホールの中心に無限大の密度と無限大の時空湾曲率を持つ、特異点が存在することを避けることはできないという特異点定理を示した。この特異点はビッグバンに似ており、この特異点では科学の法則は成り立たず、未来を予測することもできなくなる。

ペンローズは、この問題を回避するための仮説として、宇宙検閲官仮説というものを提唱した。特異点はブラックホールの中に隠されているので、存在していても私たちの世界とは因果関係がなく影響を与えないという考え方であるが、特異点の問題を完全に解決しているとはいえない。

ブラックホールの検証

見えないブラックホールを確かめる方法として、重力レンズを使う方法がある。大きな質量を持った重力源は重力で光の進路を曲げるため、レンズのような役割を果たすので重力レンズというのだ。質量が太陽程度以上あれば、重力レンズ効果で観測できる可能性がある。

また、別の恒星と連星をなしている場合は、伴星となる恒星からブラックホールにガスが落下し、その際に重力エネルギーが解放されてX線として観測されるので、その存在を知ることができる。

こうして存在の客観的な証拠が集められていったが、2019年、初めて撮影されたブラックホールの写真が発表された。

シュワルツシルト半径

ニュートン力学から、半径R、質量Mの天体からの脱出速度Vは、以下の式で得られる。

$V = \sqrt{2GM/R}$ （G：重力定数）

ブラックホールには、事象の地平面と呼ばれる、脱出速度が光の速度になるため光も脱出することができない一定の表面がある。この表面の半径は、ブラックホールのシュワルツシルト半径Rsとして知られる。脱出することのできない時空領域の境界であり、この境界を通って物体はブラックホールに落ち込むことはできても抜け出すことはできない。

対称的な球体形であるブラックホールの半径は、

$Rs = 2GM/c^2 = 3 (M/Msun)$

（G：重力定数、c：光の速度、M：ブラックホールの質量、
Msun：太陽の質量）

太陽と同じ質量（2×10^{30}kg）の星がブラックホールになった場合、そのシュワルツシルト半径は約3kmである。

ブラックホールの種類

1917年、ドイツの天体物理学者カール・シュワルツシルト（1873-1916）は、アインシュタイン方程式の特殊な解、静止した球体のブラックホール、シュワルツシルト・ブラックホールを発見した。1967年、カナダの物理学者ワーナー・イズレイアルは、一般相対性理論によるこの解から、回転のないブラックホールは単純だということを示した。シュワルツシルト・ブラックホールは完全な球形で、質量により大きさが決まり、質量が同じならブラックホールは区別できないという。ブラックホールの中心に質量が集中していて、ブラックホールの周りをシュワルツシルト半径が表面の役割りをして囲んでいる。シュワルツシルト半径の3倍の半径のところに最終安定円軌道があり、それより中心に近づいたものは抜け出すことができなくなるという。

シュワルツシルト・ブラックホールの場合、吸い込まれた物質はまっすぐ中心に向かって落下するが、この時、物質の各点で重力に差があり、力にずれ（潮汐力）が生じる。これにより物質は引き伸ばされたり、こなごなにされたりする。そして、物質の密度が無限大になる特異点に落ちて消えてしまうと考えられている。

1916年から18年に、ドイツの物理学者ハンス・ライスナー（1874-1967）とフィンランドの物理学者グンナー・ノルドシュトルム（1881-1923）は、質量に加えて電荷を持つブラックホールの解を導いた。

1963年、ニュージーランド出身の数学者ロイ・カー（1934〜）は、もう1つの形として、一般相対性理論の方程式の中から回転するブラックホールを記述する解を見つけた。彼は、回転するブラックホールは点ではなくホットケーキ形につぶれて、薄い円盤状になることを発見したのである。このブラックホールには2つの表面があり、内側のものは球状の事象の地平面であり、外側のものは静止限界と呼ばれているものである。静止限界では回転速度は光速度に一致し、これより内側に入ると外には出られなくなる。

このカー・ブラックホールは、質量と電荷だけでなく角運動量を持ち、一定の速さで回転しており、その大きさと形は質量と回転速度だけで決まる。ブラックホールを形成したもとの物体の性質とは関係がない。このことから、ブラックホールには毛（個性）がないという、無毛定理が知られるようになった。なぜなら崩壊する天体に関する多量の情報（性質）は、ブラックホールができるときに失われてしまい、知りうる情報は、質量、電荷、回転速度の3つだけになるからである。ただし、電荷を持つブラックホールは、自然界には存在しないと考えられている。

カー・ブラックホールは、回転がゼロの時には完全に丸く、解はシュワルツシルトの解と同じになる。崩壊してブラックホールをつくる回転物体はいずれも、赤道付近が外側に膨らみ、カー解で記述される定常状態に落ち着く。

カー・ブラックホールの場合、赤道面の円盤にリング状に密度が無限大となる特異点をつくり、これにぶつかった物質はこなごなになってしまう。しかし、リングの真ん中に入るとホワイトホールから他の宇宙に吐き出されると考えられているが、真偽のほどは定かでない。

ブラックホールには3種類の大きさがあると考えられており、ミニ、中型、巨大ブラックホールに分けられる。

連星X線源で、太陽質量の約10倍はある目に見えない伴星があることが知られている。白色矮星や中性子星の上限値は太陽質量の約2倍であり、約10倍もあるのはブラックホールに違いないと考えられ、恒星質量ブラックホールという。

私たちの銀河系の中心に太陽の数百万倍（推定 370 万倍）の質量を持つ中間質量のブラックホールがあると考えられている。銀河の中には中心部が明るく光っているものがあり、そんな銀河を活動銀河といい、その中心部は活動銀河中心核と呼ばれる。紫外線放射の観測から、活動銀河中心核にある放射体の質量は太陽質量の100万倍から10億倍の範囲にあり、この場合は大質量ブラックホールの存在する可能性がある。

また、太陽の何十億倍もの質量を持つ巨大ブラックホールがクェーサーの中心にあると考えられている。最大の超巨大ブラックホールとしては、太陽質量の200億倍のものも存在するらしい。しかし、これら巨大ブラックホールがどのように誕生したかは謎のままである。

太陽よりもはるかに小さい質量を持つブラックホールが存在する可能性も考えられるが、これは質量がチャンドラセカール限界以下なので、重力崩壊でできたわけではない。軽量ブラックホールの候補として原初ブラックホールが考えられ、ごく初期の宇宙の高温、高圧の中でつくられた可能性が指摘されている。

ブラックホールは、その定義から何も放出しないものだと考えられていたが、1973年、ソ連の物理学者ヤーコフ・ゼルドヴィチ（1914-1987）とアレクセイ・スタロビンスキー（1948〜）は、量子力学の不確定性原理を考慮すると、回転ブラックホールは粒子をつくり出し放出するはずだと主張した。その後、計算が繰り返されたが、ブラックホールは回転しないものも含め、その質量に関係する温度を持った物体のように粒子と放射を放出することが確認されている。

このブラックホールの温度（T）とその質量（M）の関係は、以下のように表される。

$T = hc^3 / 8\pi kGM$

（h：プランク定数、c：光速、k：ボルツマン定数、G：万有引力定数）

ブラックホールの質量が大きいほどその温度は低い。

原初ブラックホールの存在の可能性を指摘したホーキングは、量子論を駆使して、ブラックホールが粒子を放出して蒸発することも理論的に予言している。彼のホーキング放射の理論によれば、ミニブラックホールは放射線を出してエネルギーを失い小さくなっていく。そして最後には大量のエネルギーを放出し、爆発したように見えるらしい。その後、裸の特異点が残るというが、このような例は見つかっていない。

ホワイトホールとワームホール

R・ペンローズは、自身が考案したシュワルツシルト時空のペンローズ図による説明で、ホワイトホールと呼ばれる領域から私たちの住む領域に、光や物質が噴出しているということを示した。また、虫喰い孔（ワームホール）と呼ばれている、2つの空間を狭い空間で結ぶような時空構造も考えられている。

ワームホールは、2つの無限に大きい世界を結ぶものとして考えられた、アインシュタイン・ローゼンの橋というものを、ジョン・ホイラーがワームホールと名づけたものである。ワームホールは、シュワルツシルト時空以外にも、カー時空や、ライスナー・ノルドストームの時空など、いろいろな種類の時空で見つかっている。シュワルツシルト時空のワームホールは通行できないが、カー時空やライスナー時空のワームホールは通行できることが示されているらしい。

シュワルツシルト時空のペンローズ図との関係を見ると、ド・ジッター宇宙からワームホールが進化して、子供のド・ジッター宇宙、さらに孫のド・ジッター宇宙ができるという結論が導き出される。ただし、ワームホールが不安定であると、ホーキングが発表したブラックホールの蒸発のように、ワームホールの蒸発が起こる可能性が考えられる。ワームホールの蒸発が起これば、親宇宙、子供宇宙、孫宇宙・・・というように発生した代々の宇宙は時空的に切り離されることになり、これが宇宙の多重発生と呼ばれる現象である。

タイムトラベル

アインシュタインによる特殊相対性理論により、時間は測定する観測者によって異なる相対的なものとなった。

未来や過去への旅行は可能なのか？

相対性理論は未来への旅行は可能であることを示している。双子のパラドックスとして知られる宇宙旅行により、宇宙船での時間以上に時間が経過した地球に戻って来ることにより、未来に行ったことになるというものである。

では時間をさかのぼることはできるのか？

1949年、クルト・ゲーデルはアインシュタイン方程式の新たな解を発見し、人が時間をさかのぼることを、物理法則が許している可能性を初めて示した。ゲーデルの時空は宇宙全体が回転しているという特徴を持ったもので、そうした宇宙では時間ループを持つ時空構造になっており、地球から遠方まで移動して戻ってくると出発する前の時間の地球に帰って来ることになるということを発見したのである。しかし、現実の宇宙は回転しておらず、ゲーデルの見つけた解は私たちの住む宇宙には対応していないと考えられる。ゲーデル以来、過去にさかのぼることのできる別の時空がいくつも見つけ出されたが、こうしたモデルでタイムトラベルが可能になるほど宇宙は大きくゆがんでいない。

時間をさかのぼるためには超光速運動をしなければならないが、相対性理論では光速より速く移動できないという制限があるため、過去への旅行は不可能だと考えられる。ただし、時空をゆがめることにより近道をつくれる可能性がある。

1935年、アインシュタインとイスラエルの物理学者ネイサン・ローゼン（1909-1995）が、一般相対性理論は離れた地点をつなぐブリッジと呼ばれる時空構造、今ではワームホールとして知られるものの存在を許していることを示した。つまり、ワームホールをつくり出すという方法があるのだ。しかし、ワームホールを使ってタイムトラベルをすることには問題点がいくつかある。

１）脈動の問題

ワームホールは脈動しており、半径がゼロに収縮するかもしれず、入るタイミングが難しい。このブリッジを開き続けさせることが必要である。

２）潮汐力の問題

ブラックホールに近づくと、場所による重力の違いにより長く引き延されヒモみたいに細長くなってしまう。

3）一方通行の問題
　ワームホールを使って遠くに行っても、同じワームホールを使って帰ることはできない。
4）放射線量の問題
　特異点の近くでは、膨大な量の放射が行なわれている。
5）出口の問題
　アインシュタインの方程式によれば出口が存在するとされ、ホワイトホールと呼ばれているが、これが実際に存在するという証拠はない。ホワイトホールが原始の宇宙で作られたとしても、もうそれは存在していないということが証明されている。

アメリカの物理学者キップ・ソーン（1940〜）によれば、ワームホールの内側の壁を、エキゾチックな物質と呼ばれているマイナスの質量を持つ物質で固めることにより、これらの問題を解決でき、ワームホールを使って過去や未来へ旅行ができるという。

量子論では、時間を正の方向に進む通常の粒子は、時間を反対方向に進む反粒子と等価であり、ミクロなレベルでのタイムトラベルを許容する。しかし、量子力学の予測では、ワームホールをタイムマシンとして使うとワームホールは爆発してしまうという。

過去へさかのぼるためのタイムマシンを疑う理由として、未来からの来訪者がいないことがある。もし過去にもどって過去を自由に変えられるなら、因果律の問題があり矛盾が生じる。タイムトラベルによって引き起こされるタイムパラドックスを解決する仮説として、以下のものがあるが証明されているものではない。

量子論の多世界解釈

過去の出来事の違いにより、分岐した別々の並行世界（パラレルワールド）が存在することで、因果律の矛盾が生じないとする考え方である。

無矛盾歴史仮説

時空が曲がっていて過去へさかのぼることができたとしても、すでに決まっている歴史を変えることはできないという考え方である。

代替歴史仮説

過去に戻った人たちは、記録された歴史とは別の歴史に入り込んだとみなすものである。そのため、彼らは自分たちの以前の歴史と矛盾しない様に行動するという規制はなく、自由に行動することができる。

時間順序保護仮説

物理法則は巨視的な物体が過去へ情報を持っていくのを妨げるように働くという考え方である。ホーキングが唱えた説で、過去へのタイムトラベルは不可能であるとするものである。

宇宙の一生

宇宙の始まり

宇宙論で今なお完全に理解されていない問題の1つに、特異点を含めた宇宙の始まりの問題がある。いくつかの科学的証拠は、宇宙に始まりがあったことを表している。

ではその前に何があったのか？

爆発による宇宙誕生という現象はどうして起こったのか？

物質やエネルギーはどのようにして宇宙にもたらされたのか？

宇宙は無から創造されたのか？

それとも、もともとあった材料が集められてできたのか？

大爆発の瞬間にその原因の手がかりとなる証拠が破壊されてしまったに違いないため、それ以前のことを科学は語り得ない。神の意志や、創造主の存在無しには語れない宗教の世界になってしまうのだ。

人類はまだ宇宙の始まりを考えるための完全な理論を持っていないが、現在の有力な理論が示す宇宙誕生のシナリオによると、以下のように説明されている。

真空のエネルギー（ダークエネルギー）というものの作用により、時間も空間も物質もない無の状態から、虚数の時間を経て、量子論のトンネル効果によって、突然10^{-34}cm程度の宇宙が現れる。

そして、実時間の宇宙がインフレーションと呼ばれるメカニズムにより、ただちに何十桁、何百桁と引き伸ばされてマクロな宇宙となり、インフレーションの終了とともに真空のエネルギーは潜熱として解放され、火の玉宇宙（ビッグバン）となった。

アインシュタインの一般相対性理論によると、宇宙の始まりは密度が無限大の特異点になる。一般相対性理論と量子力学を調和させた量子重力の完全な理論がないため、宇宙時間ゼロから10^{-43}秒までのプランク時代については、うまく説明することができない。

量子力学、素粒子論によれば、宇宙は密度が無限大である爆発の瞬間から始まらず、10^{-43}秒後、ハドロン時代と呼ばれる段階から始まる。この時、宇宙は原子核1個くらいの大きさであった。この段階の最初には、陽子や中性子などのハドロンはまだ存在せず、これを構成するクォーク（と反クォーク）だけが存在していた。

この時クォークは自由であったが、温度が下がってくるとクォークから粒子がつくられ（クォーク・ハドロン変換）、宇宙は陽子や中性子などのハドロン（と反ハドロン）で満たされることになる。圧力も温度も極度に高く、宇宙の温度は10^{32}Kであったと計算されており、火のような放射線の海で粒子が絶え間なく現れたり消えたりを繰り返していた。

宇宙は急速に膨張し、ビッグバンから10000分の1秒後、温度が1000億度に下がり、ハドロンは軽い粒子へと崩壊しレプトン時代になる。すなわち、電子、陽電子、ニュートリノとその反粒子などが見られるようになった。

誕生1秒後には、密度は水の密度にまで下がり、温度は100億度（太陽の中心温度の約1000倍）に減じた。この頃までには陽子や中性子、電子が既につくられていたが、結合せずばらばらに存在していた。

ビッグバンの100秒後、宇宙の温度は10億度にまで下がったと考えられ、陽子と中性子は結合して重水素の原子核を作るようになる。

宇宙は膨張しつづけ、宇宙誕生3分後、温度が約1000万度に下がった時、陽子2個と中性子2個が互いにくっ付き合い、ヘリウム原子核になった。この時、宇宙内の水素の約30%がヘリウムに変換されたという。そして少量だが、それよりも重いリチウムやベリリウムもつくられた。このプロセスはビッグバン元素合成と呼ばれている。

この後、宇宙の温度と密度があまりに低く下がってしまい、他の元素の形成に至らなかった。炭素、酸素、鉄、金など他の全ての元素は、星の内部でつくられたものである。

宇宙誕生後38万年くらい経つと、全体の温度が3000～4000度に下がり、物質密度も小さくなって、電子と陽子は再結合して中性の水素原子になった。このため、放射された電磁波は物質に吸収されることなく飛び続けられるようになったのである。放射線（光）は、電荷を帯びた粒子（電子や陽子など）を通り抜けることができないが、電気的に中性な原子はそれほど放射線を妨げないため、放射線の霧が晴れ上がり、宇宙は透き通った（宇宙の晴れ上がりという）。このときの宇宙の大きさは、現在の宇宙の約1000分の1である。

放射源が光速に近いスピードで後退すると、放射された電磁波はドップラー効果によって波長の長い方へずれる。その結果4000Kの放射は、3Kの放射に対応する波長1ミリの電磁波を最も強く放射するものとして観測される。この3Kの電磁波（宇宙マイクロ波背景放射）の発見により、ビッグバンの存在が確かなものとなった。3Kの放射はどの方向から来るものでも等しいことから、ビッグバン以後少なくとも20万年の間は、宇宙は一様であったということになる。

銀河の形成

観測データから、宇宙誕生約2～3億年後には星が輝いており、約9億年後（最近の観測ではもっと早い時期）には銀河が形成されていた。宇宙が膨張を止め重力により再崩壊を始めた領域が、重力の引力と釣り合うほど速く回転するようになると、円盤状の回転する銀河になり、回転を始めなかった領域は、楕円銀河になるようである。私たちの銀河系も宇宙誕生約10億年後くらいに誕生したと考えられている。誕生した頃の銀河には不規則な形のものが多かったが、その後、銀河同士の衝突や合体などにより、現在みられるような楕円銀河や渦巻き銀河へと進化していったと考えられている。宇宙誕生約12億年後には銀河団に匹敵するほどの大規模な構造も形成された。

現在、最も支持されている銀河形成のシナリオは、重力不安定説である。これは、宇宙の物質密度のでこぼこが働く重力の差を大きくし、さらに集まる物質の密度のゆらぎを大きくすることが繰り返され、やがて銀河へと成長するというものである。密度ゆらぎは宇宙の大きさに比例して成長することが調べられている。

宇宙背景放射探査衛星COBEは、宇宙の晴れ上がりの時の光を観測し、角度で約10度離れた2地点の間に0.001% の温度差（温度ゆらぎ）があることを発見した。つまり、宇宙の晴れ上がりの時期に、物質密度の平均値に対して10万分の1のでこぼこ（密度ゆらぎ）があったことを意味しているが、この程度の普通の物質のゆらぎだけでは銀河のような構造はできないと考えられている。

宇宙は晴れ上がりから現在まで約1000倍大きくなったことから、宇宙の密度ゆらぎは現在100分の1になっているはずであるが、実際はこんなものではなく大きい。宇宙の階層構造の存在は光っている物質の分布を表しているが、宇宙には暗黒物質（ダークマター）という見えない物質が満ちていることが観測されている。ダークマターは光とは相互作用をせず、放射することも吸収することも反射することもない。ほとんど重力相互作用しかしないのである。

ダークマターは、星などの光っている物質の少なくとも10倍以上、宇宙に存在するといわれており、この見えない物質のほうが宇宙の進化を支配しているといえる。そこで、まず初めにダークマターの密度にムラができ、これが種となって周囲から普通の物質を集め、最終的に銀河ができたとするシナリオが考えられている。

宇宙の進化

フリードマンモデルによると、膨張している宇宙がどうなるかは、宇宙の物質の平均密度によって時空のゆがみ具合を表す曲率の値が決まり、宇宙の形が3つのタイプに分かれる。

開いた宇宙

宇宙に物質が少なく、密度がある値（臨界密度）より低い場合、曲率がマイナスの開いた宇宙になる。イメージとしては馬の鞍のような双曲平面である。物質を引き戻す重力が弱く、膨張が最後まで止まらず永遠に膨張する宇宙になる。

銀河間の距離が広がり、宇宙空間はますます空っぽになる。銀河内では古い星が燃え尽きてゆき、新しく形成される星も少なくなる。そして、最後の星の光が消える時、宇宙は闇に閉ざされ最後を迎える。

平坦な宇宙

宇宙の密度が臨界密度ぴったりの場合、曲率がゼロの平坦な宇宙になる。膨張はずっと続くが、その速度は密度が低い時よりもゆっくりである。

3次元空間が曲がっていないユークリッド空間になり、体積は無限大である。

閉じた宇宙

宇宙に物質が多く、密度が臨界密度より高い場合、曲率がプラスの閉じた宇宙になる。イメージとしては球面である。

物質の万有引力によってやがて膨張は止まり収縮に転じる。初めはゆっくりだが、しだいに加速し、宇宙は激しく収縮する。こうして宇宙は初期に爆発したときと同じような熱と混沌へとかえる。ブラックホールは互いに合体しながら巨大ブラックホールへと成長していく。そしてビッグクランチ（大収縮）の瞬間、全てのブラックホールは合体し、特異点という1点に収縮して、宇宙は時間も空間もない無の状態にもどるという。

アインシュタインの重力理論である一般相対性理論に基づいていえば、宇宙は特異点（時空が無限大の密度にある状態）に始まり特異点に終わる。この状態で終わってしまうだろうという天文学者もいるが、このつぶれた状態から何らかの反発力ではね返り、新しい宇宙が再びつくり直されると考える者もいる。この後ビッグバンにもどり、膨張と収縮を繰り返し、宇宙は永遠に振動するという説である。

これがフリードマンの振動宇宙論であり、誕生、死、再生というサイクルが無限に続くということから、永遠の宇宙という考えに結びついている。

振動宇宙には、2通りの考えがある。

1つは、まったく同じ宇宙が何度も繰り返されるというもので、宇宙の年齢は無限となる。

もう1つは、振動を繰り返すうちに小さな宇宙から大きな宇宙に進化していくというもので、宇宙の年齢が有限かどうかは説によって異なる。

どちらにしても、特異点は現れず、神様の手を必要としなくなるが問題点もある。

ダークマターとダークエネルギー

宇宙の膨張を止めるほどの重力を得るための物質密度の臨界値に対して、目に見える物質を宇宙全体に均等に分布させたときの密度は、1〜2%にしかならない。

1970年代から80年代にかけて銀河の観測によって、渦巻銀河の腕の回転速度を説明するためには、光っている物質の少なくとも10倍の質量の存在が必要であることが明らかになり、暗黒物質（ダークマター）と呼ばれるようになった。以前は銀河の内側ほど重力が強いと考えられていたが、それだと銀河の内側ほど回転速度が速く、外側の回転は遅くなるはずである。そうでなく外側の回転速度が同じように速ければ、外側の星が離れていってしまうのではないかと考えられるからである。しかし1970年頃、銀河の内側と外側で回転速度が変わらないことが発見された。

このため、光を出さない何らかの物質（ダークマター）が大量に銀河に分布し、重力を補っていると考えられるようになったのだ。そして、同様の考え方は銀河群や銀河団にも当てはまり、銀河間空間にも同様に光る物質の10倍から100倍にも及ぶダークマターが存在する必要があると考えられている。

ダークマターの可能性として考えられたのは、恒星間惑星、褐色矮星、白色矮星、きわめて低質量の恒星、WIMP（未知の弱い相互作用をしている素粒子、ニュートリノなど)、超対称性理論から予言されているフォティーノ（光子：フォトンのパートナー)、ジーノ（Zボソンのパートナー）など、ニュートラリーノと呼ばれる超対称性粒子、磁場の影響で光子に変わる性質のあるアクシオン、様々な質量のブラックホールなどである。

ただし、宇宙の誕生直後に元素がどのように陽子や中性子からつくられたかを説明する元素合成理論による計算から、普通の物質の物質密度に対する値には上限値があり、普通の物質を材料としてつくられた星やその星が重力崩壊してできた矮星、ブラックホールなどはダークマターの候補になれない。これに対し、元素ができる前の原始の物質からつくられている原初ブラックホールはダークマターの候補になれる。

以前はニュートリノがダークマターの有力候補と考えられたが、観測からニュートリノの質量は電子の1000万分の1以下と非常に小さいらしく、宇宙において占める割合は1％程度である。

ニュートラリーノは陽子の約100倍の質量があると予想されており、アクシオンの質量は電子の質量の1000億分の1から1兆分の1程度であるが膨大な量が存在すると考えられているので、両者ともにダークマターの候補に成り得るが存在は確認されていない。

そして、これらを加えても臨界値の10％にしかならず、宇宙が永遠に膨張することを示している。

1998年、アメリカの天体物理学者ソウル・パールムッター（1959～)、アダム・リース（1969〜）とオーストラリアの天体物理学者ブライアン・シュミット（1967〜）らの2つの独立した天文学者チームが、遠方のIa型超新星の爆発を観測することにより、宇宙の膨張が予想に反して加速しているという観測結果を報告した。

今から70億年ほど前に、宇宙初期のインフレーションほどではないが、宇宙が再び加速的に膨張し始めたことを明らかにしたのである。現在の宇宙には真空のエネルギーが満ちており、それに働く斥力によって宇宙は今、加速度的膨張をしているというのだ。

量子論では真空もゆらいでおり、粒子と反粒子のペアが生成したり消滅したりしている。これらの粒子は観測にかからない粒子であり、仮想粒子と呼ばれる。この仮想粒子の持つエネルギーを合計したものが真空のエネルギーであり、数学的にはアインシュタインの宇宙定数と同じ意味を持つ。そのため真空のエネルギーは反重力を生み出すと考えられている。観測データによると、アインシュタインが導入した宇宙定数による斥力はダークマターやバリオンなどによる重力の数倍になるといい、そのため膨張が加速されているのだ。

また、2001年のハッブル宇宙望遠鏡による観測から、宇宙初期には宇宙膨張が減速していたことがわかった。このことから宇宙膨張は、約70億年前（宇宙誕生から約70億年後）に減速から加速に転じたと考えられている。もしこの観測が本当ならば、宇宙は第2のインフレーションの時代を迎えていることになる。

2001年に打ち上げられた人工衛星、WMAP（ウィルキンソン・マイクロ波異方性探査衛星）や、それより前に行なわれた気球からの電波望遠鏡による宇宙背景放射の観測から、1％の誤差の範囲で、宇宙の曲率はゼロ、つまり宇宙が平坦であることが示された。

宇宙論では、観測によって得られる宇宙の平均密度を、宇宙の膨張が止まる最小限の密度（臨界密度）で割った値を、宇宙密度パラメーターと呼び、Ω（オメガ）で表す。このことから、オメガ（Ω）の今の値（Ω_0）

は1となる。

$\Omega > 1$なら、宇宙の曲率は正となり、閉じた宇宙を表す。

$\Omega < 1$なら、宇宙の曲率は負となり、開いた宇宙を表す。

$\Omega = 1$なら、宇宙の曲率はゼロとなり、平坦な宇宙を表す。

$\Omega_0 = \Omega_M + \Omega_{DM} + \Omega_\Lambda = 1$　という式があり、Ω_Mは、普通の物質の密度、Ω_{DM}は、暗黒物質（ダークマター）の密度、Ω_Λは、暗黒エネルギー（ダークエネルギー）の密度（Λはアインシュタインの宇宙項、つまり宇宙定数）を表す。

欧州宇宙機関（ESA）が打ち上げ、2013年から観測を始めたプランク衛星によると、各オメガの値は、Ω_Mは、0.04、Ω_{DM}は、0.23、Ω_Λは、0.73、とされている。つまり、星をつくっているような普通の物質は4%程度、暗黒物質（ダークマター）の量は23%くらいで、あとの73%がダークエネルギーということになっている。これまでの報告によると、暗黒物質を含めても宇宙を平坦にするほどの物質は存在しないという考えが有力である。

ダークエネルギーという呼び名はマイケル・ターナー（1949〜）の命名によるが、目に見えず、重力で凝集することなく均一に分布しており、反重力を生むという性質を持つ。ダークエネルギーの第一候補として真空のエネルギーが考えられている。物質エネルギー密度と真空のエネルギー密度を合計したものが十分存在すれば、宇宙は平坦になるという。物質エネルギー密度は宇宙の膨張とともに減少するが、真空のエネルギー密度は一定のままなので、やがて宇宙のエネルギー密度は真空のエネルギーが主なものとなり急激な膨張を始める、すなわち再びインフレーションを迎えることも有り得る。そして現在、真空のエネルギー密度は物質のエネルギー密度を少しだけ上回っており、真空のエネルギーによる反重力が物質の重力を上回っているため、宇宙は第2のインフレーションを起こしていると考えられている。

素粒子論による計算では、真空のエネルギーによる宇宙の膨張速度は、観測値よりも何十桁も大きい値になるという。真空のエネルギーを正確に計算できる理論が無いため、量子論と一般相対性理論を統合した理論が必要である。

真空のエネルギー以外にもダークエネルギーの候補として、時間的に変動する宇宙項のような、クインテッセンス（第五の元素）と呼ばれるものであるとか、真空の相転移の際にできる欠陥部分から形成され、宇宙創生期から残っているとされる宇宙ひもなどが考えられている。また、ブレーンワールドと呼ばれる仮説から、ほかの次元から何かが漏れ出しているのかもしれないという考え方も示されている。

いずれにせよ現在の観測に基づけば、ダークエネルギーは宇宙定数である可能性が高そうだが、そうなると悲惨な結末が待っている。宇宙定数による宇宙膨張の加速は、いったん始まると決して停止しないため宇宙の破滅をもたらすのだ。宇宙定数によってもたらされる終末は、宇宙そのものの終末というより宇宙に存在する全てのものが無になってしまう終末であるという。

なぜ宇宙定数が物質密度の数倍というちょうどいい値なのか？

宇宙定数は本当に定数なのか？

宇宙定数の値は宇宙の進化とともに変わるのか？

なぜ第2のインフレーションは今始まっているのか？

いつまで続くのか？　終了するのか？

WMAPの結果やこれまでの観測データを総合すると、ダークエネルギーは一定のようである。しかし、もし時間的に変化するものならば、宇宙が加速膨張し続けるかどうかはまったくわからなくなる。真空のエネルギーは反重力を生むと思われるが、それが本当に宇宙膨張を起こしているのかどうかはよくわかっていない。宇宙定数には、その起源を含めまだ多くの問題（謎）がある。

微調整問題

きわめて多様な可能性がある宇宙の中で、私たちの宇宙はどうして今あるような知的生命体にとってちょうどいい状態にあるのか？

このような物理的世界を支配する基本定数が微調整されているような微調整問題に答えるには、人間原理の考えが役に立つ。これは、1973年オーストラリアの物理学者ブランドン・カーター（1942〜）によって提案された原理で、我々が存在するからこそ、今観測しているような宇宙の存在が認識されているのだ、という主張である。

1986年、イギリスの物理学者ジョン・バロー（1952-2020）とアメリカの物理学者フランク・ティプラー（1947〜）は、この概念をさらに発展させ、人間原理には2種類あるとした。

弱い人間原理は、広大な宇宙の中で、知的生命体の生存、進化に必要な条件を備えているのは、いくつかの限られた領域だけであるとする。

強い人間原理は、それぞれ異なる初期配置や科学法則を持つ宇宙か、1つの宇宙の異なる領域の中で、私たちが存在し進化できる宇宙に私たちはいるのであり、もし宇宙がこうでなければ私たちはここにいない、という考え方である。

微調整問題は、多宇宙（マルチバース）の考え方によっても説明される。この考え方はインフレーション宇宙論から生まれてきたもので、量子力学の多世界解釈とも通じている。私たちの宇宙は、互いに因果関係を持たないたくさんの宇宙からなる集まりの1つであり、それに含まれる個々の宇宙は基本定数の値が別々でもかまわないという考え方である。

自然法則が確率論的でランダムなものなら、私たちの宇宙を支配する法則や基本定数の値がいかにして決まったかなどは重要ではなくなる。

宇宙の終末

宇宙誕生138億年後の現在の宇宙でも、星雲ガスが収縮して星が形成され、星の内部で原子核融合反応が起こってエネルギーが供給されている。また、現代の宇宙を近い側から遠方に見ていくと、太陽系、星団、銀河、局所銀河群、銀河団、超銀河団というように階層的な構造をしている。
しかし、宇宙がこのまま膨張を続けると、2兆年後には全ての天体は離れてしまって見えなくなり、あと数兆年後には新しい星も生まれなくなる。1000兆年も経つと、原子核エネルギーも使いつくされて、宇宙に輝く星は無くなり暗黒の世界になる。
10^{33}年後には、力の統一理論（大統一理論）が予言する陽子崩壊によって、宇宙に存在する物質は、電磁波、ニュートリノ、電子、陽電子、そしてブラックホールだけになる。太陽程度の質量のブラックホールなら、10^{100}年くらいで蒸発を終える。そして、10^{100}億年後には、巨大なブラックホールでも蒸発してしまい、より一様な宇宙、最大限に単純で対称性の高い状態が実現されるだろう。無限の未来には、無が再び宇宙を支配するかもしれない。

著者の見解

人間が感知できないからといって、無から有が生まれるような量子論の考え方に、私は批判的な意見を述べた。人間が無だと思っている空間に、仮想粒子ではなく現実の粒子が存在していると考えるからである。人間が感知できなくても、宇宙の始まりから保存則が成り立っていると考えなければ、統一的な理論の組み立てなどできるはずがない。現在の宇宙にあるものは、形を変えたにせよ宇宙の始まりの時からあったと考えるべきである。素粒子が点状粒子だとすると、それらが全て集まっても点にしかならない。ビッグバンの時に全てが1点に集まるという問題もここから起こっている。私が考えるように、真の素粒子であるプラス粒子とマイナス粒子に大きさがあれば、宇宙の全ての粒子が集まっても粒子間のすき間が小さくなるだけで、1点につぶれてしまうことはない。この構造物こそ、私がイメージするブラックホールであり、宇宙が超々巨大ブラックホールから始まったというのが私の考えである。この考え方はルメートルの宇宙の卵に近いかもしれない。ここに、全宇宙に存在するものの材料の全てが備わっているため、魔法のように無から宇宙を出現させる必要がない。ブラックホールは、時間が凍りつくと表現されるように、宇宙が始まる前は時間は止まっていたと表現できる。宇宙で時間を測っているのは光子のスピン（回転）であり、空間の大きさを測っているは光子の動く距離である。私の考えるブラックホールは引力と斥力を内在しているので、安定であるとはいえない。ブラックホールが分裂と爆発を起こして、光子（プラマイ粒子）が動き出したときが宇宙の始まりである。内在する力だけでブラックホールが壊れそうにないと考えられるなら、別の衝撃を導入する必要がある。宗教家なら神のひと吹きで解決するかもしれないが、物理学者なら別の超々巨大ブラックホールとの衝突を考えるかもしれない。こうして始まった宇宙なら、銀河の形成や、銀河による大規模構造の形成も理解しやすいのではないだろうか。銀河の中心にあるブラックホールは、もともと宇宙の始まりからあったものが小さく（それでも巨大ではあるが）分かれたものとすればよく、もっと細かく分かれた原初ブラックホールが数多く存在していても不思議はなく、ダークマターの候補に成り得ると考えられる。最も細かく分裂したものが光の粒子であり、様々なミクロ粒子ができたり壊れたりした後、安定なものが多く残ったであろうと推察される。超々巨大ブラックホール内の粒子が運動を始めると、内在する斥力が引力に勝ち、分裂と爆発が繰り返されて宇宙は急激に膨張することになる。宇宙はもともと大きさを持って始まっており、この膨張はインフレーション理論が示すほどのレベルではないかもしれないが、宇宙の外は真に無の空間であり、抵抗となるものがないため、現在の宇宙内における光速度以上のスピードで膨張したであろうと推察される。宇宙の内部の空間も膨張していくが、これは光速度を越えることはできず、分裂や爆発がおさまってくると、引力が斥力に勝つようになり、ミクロ的には粒子の融合、マクロ的には銀河や星の形成が起こるだろう。ただ、観測結果からは、銀河内では引力が勝っていても、銀河間では膨張を抑えるほどの引力は働いておらず、膨張は続いているようである。現代宇宙論が仮定している宇宙原理は、一般相対性理論を宇宙全体に適用するうえで必要であるかもしれないが、宇宙誕生の時に最外側にあったところは銀河形成などできず、はるか彼方に離散しており、私たちとは情報交換のできないところにある可能性がある。また、宇宙誕生のときに宇宙の中心に近いところには、まだ超巨大ブラックホールが残っている可能性もあるが、私たちが感知できるような場所には無いだろうから、想像はできても真実は不明のままということになる。つまり、私たちが観測できる範囲内では宇宙原理を否定する根拠は得られないかもしれないが、これを宇宙全体に適応できるかどうかについては疑問が残る。

インフレーション理論でも提唱されている宇宙の多重発生は、私も起こり得ると考えてはいるが、それぞれ違う物理法則が存在するという考え方には賛成できない。私の宇宙誕生のシナリオでも、宇宙が多数発生することは起こり得るが、もとは同じ物理法則に支配されていることを前提にしている。プラス粒子とマイナス粒子がいろいろな物質や構造をつくるというものであるが、別の宇宙に反粒子からできた反物質の世界が存在する可能性は十分あるということは理解できるだろう。もちろん証明することはできないが。

インフレーション理論は、インフレーション膨張の原動力として、アインシュタインが重力と釣り合わせるために導入した宇宙項を考えている。アインシュタインは重力が引力のみと考えていたため、宇宙項は重力場に存在する真空のエネルギーによる斥力と解釈されている。前述したように重力も引力と斥力がともに働くと考えれば、重力により宇宙がつぶれてしまうことはない。存在は確認されていないが、空間にはダークマターとダークエネルギーが存在し、ダークマターは引力として、ダークエネルギーは斥力として働くとされている。お互い$E = mc^2$の関係で変換し得るものと考えれば、質量・エネルギーの保存則は保たれる。ダークエネルギーの正体は不明であるが、空間に存在するエネルギーを持つミクロ粒子であれば、斥力として機能するのではないかと推察している。

私の考える宇宙の初期状態は、エントロピーが最も低い状態であるといえる。そして、分裂と爆発を繰り返すことによりエントロピーは増大する。しかし、エントロピーの増大は永遠に続くものではなく、宇宙のエネルギーが低下してくると、質量の増加、集中とともにブラックホールの増加と増大が起こり、再びエントロピーが低下する方向に向かうのではないかと私は考えている。現代物理理論では、ブラックホールの微視的属性は不明のまま、ブラックホールにはエントロピーが大量にあり、ブラックホールの形成はエントロピーの増大と判断されているので、私の解釈とは異なる。ただし、宇宙の最初にあったものの中には、それぞれ離れてしまうものもあるだろうから、分裂したものが全てもとのように融合することはないだろう。しかし、成長した超巨大ブラックホールが再び衝突して次の宇宙が始まるというのは起こり得ることかもしれない。これは、永遠の宇宙という考えに結びついており、多くの人に受け入れられるものであると信じている。

第10章　万物理論

物理学の究極の目的は、自然界に存在する全ての場（力）、全ての粒子を統一することであり、これを説明する理論が万物理論である。1つの理論で全宇宙を全て説明できれば、最終目標に到達したといえるかもしれない。

簡単な仮説に基づいて多くの現象を正確に説明し、検証可能な予言ができるものは良い理論といえる。理論による予言と観測との間に矛盾があるなら、その観測を疑うことも含めて、その理論の再検討が必要である。

物理理論を評価する基準は、物理現象を正確に説明し予測する能力であり、科学理論は全て最終的には実験で確認されなければならない。しかし、自然界の究極的構造を探る高エネルギーの素粒子物理理論や、宇宙の起源と進展を探る宇宙論においては、実験による確認が難しいかまたは不可能な場合も出てくる。理論が実験的検証の難しい領域を対象とする時には美的感覚に頼る場合もある。もちろん、このアプローチが真理につながるという保証はないが、この戦略は有力な手段となっている。

対称性は、芸術でも物理学でも美的感覚において重要な部分であるが、物理学の対称性は芸術のそれとは意味合いが異なる。物理学の場合、回転（時間と空間の入れ替えなど）を行なっても方程式が形を変えないならば、美しい対称性のある方程式であるといわれる。物理学者にとって自然の対称性とは、物理法則がいつ、どこで用いられるか（時と場所）に左右されないことをいう。これは、あらゆる時と空間内のあらゆる場所で同等に、すなわち対称的に、同じ自然の基本法則が成り立っていることが保証されるということである。

実験により直接確認する手段が無い場合、既に存在する確証の高い理論との整合性を確かめることにより判断されることになる。

現代物理学には中心となる理論が2つある。

1つはアインシュタインの一般相対性理論であって、重力と、星、銀河、銀河群、さらには宇宙全体のスケールで宇宙を理解するための理論的枠組みを提供している。

もう1つは量子力学で、分子、原子、さらには原子より小さい、電子やクォークのような素粒子のスケールで宇宙を理解するための理論的枠組みを提供する。

しかし、一般相対性理論と量子力学の間には明白な矛盾が認められ、両方とも正しいということは有り得ない。一般相対性理論の重力場は量子力学を考慮に入れずに記述されており、量子化された場（量子場）を想定していない。一方、量子力学の扱う空間にアインシュタインの方程式は当てはまらず、時空間は曲がるという点を無視して定式化されている。

それぞれ扱う世界のスケールが違うため通常は問題ないが、空間の屈曲と量子の粒性の双方を考慮しなければならない物理的状況は確かに存在し、そうしたケースに正しく機能する物理学理論を私たちは持ち合わせていない。ブラックホールの中心や、宇宙の始まり（ビッグバンの瞬間）を考える時、両方の理論を組み合わせて使おうとすると、多くの場合、無限大の確率という無意味な答えが出てきてしまうのである。

重力以外の力の物理理論は、量子論の不確定性を組み入れたものであるが、重力を説明する一般相対性理論は、それができていない。一般相対性理論では宇宙の始まりの特異点は避けられず、特異点の近くにおいては量子重力効果が重要になるので、宇宙の起源と運命を理解するためには重力についての量子論（量子重力理論）を必要とするのである。そしてさらに、自然界の全ての力をも統一する理論であれば、万物理論と呼ばれるにふさわしい理論といえる。

万物理論の発展

超重力理論

1970年代、新しい種類の対称性、超対称性という概念が発見された。超対称性は、SUSY（SUperSYmmetry）と呼ばれることも多い。

1976年に提唱された超重力理論とは、超対称性を持った量子力学的な重力理論のことである。

超対称性が成り立つとき、記述している系の全ての要素に同じ1つの運動を加えても方程式は変わらないことになっている。超対称性でいう運動は、普通の空間の中での一定の速度での運動ではなく、新しい次元（量子次元）への運動である。物体が量子次元で動くとき、量子次元では距離という概念が無いので、その位置が変わるのではなくスピンが変化する。超対称性はスピンが異なる粒子同士の性質を関係付けることになり、これらスピンが異なる粒子は、超空間の量子次元の中で違う動きをしている同じ粒子と見なすことができる。つまり、超対称性が成り立つためには、全ての場や粒子は自分自身よりスピンが1/2多いか少ないスーパーパートナー粒子が存在しなければならない。

スピンが、0、1、2・・・などの整数である粒子はボース粒子と呼ばれ、基底状態エネルギーは正であり、重力を媒介するグラビトン、電磁気力を媒介する光子（フォトン）などがある。

スピンが、1/2、3/2・・・といった半整数である粒子はフェルミ粒子と呼ばれ、基底状態エネルギーは負であり、陽子、中性子、電子など、普通の物質粒子を構成している粒子がある。

自然界には、スピンの整数、半整数を入れ替えるような対称性が存在するのではないかと考えられているのだ。正のエネルギーを持つボース粒子と負のエネルギーを持つフェルミ粒子は同数あるため、超重力理論においての正の無限大と負の無限大同士が見事に打ち消しあってしまう。そのため、超重力理論は無限大問題を解決したと信じられていた。しかし、超重力理論での粒子は、実際に検出されている粒子とはあまり合っていないように見えた。また、一部の無限大は依然残ったままになるかもしれず、くりこみ不可能であることがわかった。さらに、スーパーパートナー粒子は1つも検出されず、その根拠が存在しないため、超重力理論には致命的な欠陥があるのではないかと考えられるようになった。

超ひも理論

超重力理論にかわって、重力と量子論を統一する唯一の方法ではないかと言われているのが、超ひも理論である。

ひも理論はもともと強い力を説明する理論として、1960年代の終わり頃生まれたが、26もの次元を必要としていたり、光速より速いという質量がマイナスである振動パターン（タキオン粒子）を予測していたりと、予測と観測が合わないことがわかった。また、点状粒子による量子色力学の量子場理論が発展して成功を収めたため、ひも理論は忘れ去られたようにみえた。しかし、その美しい数学的構造は捨てがたいものであった。

1974年、アメリカの物理学者ジョン・シュワーツ（1941〜）とフランスの物理学者ジョエル・シェルク（1946-1980）は、ひも理論に含まれる強い力とは関係無いような粒子が、重力のメッセンジャー粒子と仮定されているグラビトンの特性（質量が0、スピンが2）と完璧に一致することに気づき、ひも理論は強い力だけの理論ではなく重力を含む量子理論だと主張した。しかし、その後の研究でひも理論と量子力学との間に矛盾が見つかり、あまり注目されていなかった。

1984年、イギリスの物理学者マイケル・グリーン（1946〜）とジョン・シュワーツは、ひも理論が抱える量子力学との矛盾を解決する論文を発表した。重力に関連する無限大が他の3つの力の性質により打ち消されることを発見し、そのための必要条件を示したのである。そして1985年、この条件を満たす超対称性が組み込まれた新しいひも理論、超対称的ひも理論（超ひも理論）が誕生した。

超対称性に必要なスーパーパートナー粒子は、知られている粒子よりもかなり重いと推測されるため、現在の加速器ではそのようなエネルギーは実現できないので発見できないのであろうと考えられている。それより、宇宙が超対称的でなく、スーパーパートナーは存在しないのではないかということも考えられるが、超対称性の根拠となるほど超対称性がひも理論で果たす役割は大きい。ひもが超ひもであり、空間が9次元で時空合わせて10次元であるような超ひも理論では、ひも理論が予測していた厄介なタキオン粒子や、存在しては困るゴーストと呼ばれる場も、出現しないようにできることが証明されたのである。

素粒子物理学の標準理論（標準モデル）では、宇宙の基本構成要素、あらゆる物質を形づくる基本粒子は、これ以上内部構造を備えていない点のようなものと見る。超対称性は点状粒子に基づいた理論にも当てはまり、点状粒子の量子場理論の枠組みに超対称性を組み込んだ、超対称的標準モデルがある。しかし、重力と他の力との統一はできておらず、無限大の問題もある。

ひも理論では、基本粒子は点のようなものではなく、振動する一次元のひも（ストリング）、すなわち、長さはあるが太さはゼロのひもから成り立っており、ひもの長さや振動の様子などによって素粒子の種類が区別されると考える。つまり、宇宙は究極のレベルでは、原子やクォークでできているのではなく、非常に小さいひもでできているというのだ。全てのひもは一定の質量密度（単位長さあたりの質量）を持ち、ひもの振動エネルギーが粒子の質量となる。

ひも理論では、それまで粒子と考えられていたものを、ひもを伝わる波として描くことができる。ひもには両端がある場合（開いたひも）もあればループになって端が無い場合（閉じたひも）もある。物質をつくるフェルミ粒子と重力子以外のボース粒子は開いたひもで、重力子は閉じたひもであるという。典型的なひもの輪の長さはプランク長さ（10^{-33} cm）ほど、およそ原子核の10^{20}分の1である。ある粒子から他の粒子が放出されたり吸収されたりするのは、ひもの分割や結合として描かれる。

2本のひもが合わさって1本のひもになることもあるし、また、1本のひもが2本に分かれることもある。ひも理論では、電子や陽電子はそれぞれ振動するひもであり、衝突すると合体しながら別のパターンで振動する新たなひもをつくる。このひもがまた分裂すると、2本のひもになって別々の方向に飛んでいくというふうに描写される。

一般相対性理論と量子力学との衝突は、プランク長さ以下のスケールで空間が備えている性質から起こるものである。ひもは点状粒子に比べて大きいので、プランク長さ以下のスケールの空間で起こる量子的変動に影響されず、量子的ゆらぎは現実には起こっていないといえる。また、点状粒子による量子重力理論に現れる致命的な無限大も、ひもでは現れない。物質を構成する点状粒子をひもで置き換えただけで、一般相対性理論と量子力学との矛盾が無くなるのである。

実はかつて、パウリ、ハイゼンベルク、ディラック、ファインマンといった理論物理学会の最高頭脳集団が、基本構成要素は点ではなく、振動する小さな塊かもしれないと唱えたことがあったが、量子力学や特殊相対性理論に基づく基本的な物理的原理と点状粒子でない基本構成要素を矛盾なく理論におさめるのは困難であった。彼らの研究で、点状粒子でなければ、これら2つの原理の一方か両方が成り立たないことが様々な観点から繰り返し証明されたという。そのため、点状粒子に基づかない量子論を見つけることは不可能だと考えられていたのであるが、ひも理論は、空間的に拡がりを持つひもでも量子力学の枠組みで矛盾なく記述することに成功したのである。

ひも理論によれば、一般相対性理論で宇宙の湾曲した空間をリーマン幾何学で記述できるのは十分大きなスケールにおいてだけであり、プランク長さほど小さいスケールでは、ひも理論の量子幾何学で置き換えなければならない。ビッグバンでもビッグクランチでも、宇宙は密度が無限大で大きさがゼロの点から発したのではなく、あらゆる次元でプランク長さの大きさがあったとすべきであろう。

アインシュタインは、特殊相対性理論と一般相対性理論により時間と空間に対する私たちの理解を変えたが、ひも理論も時間と空間の概念の根本的な修正を要求する。アインシュタインは、3つの独立した空間次元と時間の次元を統合して4次元時空としたが、ひも理論では時空は10の次元を持っており、6つの新たな次元は非常に小さく丸まっていると考えられている。

宇宙の空間次元が3つより多いかもしれないという発想はひも理論が最初ではなく、1919年にポーランド人数学者テオドル・フランツ・カルーザ（1885-1954）が、アインシュタインの一般相対性理論とマクスウェルの電磁理論を統一するために唱えたものが最初である。後にスウェーデンの数学者オスカー・クライン（1894-1977）が、宇宙の空間的織物には拡がった次元と巻き上げられた次元があり、計算によると環状の新たな次元の大きさはプランク長さ（10^{-33} cm）ほどしかなく、実験で検出できる限界に比べてはるかに小さいと説明している。この理論は５次元空間を想定し、このうち１次元を電磁気力に当て、それが極微の空間内に丸め込まれてしまうというもので、重力は従来の理論通り４次元時空で説明された。この丸め込まれるというのは、５番目の次元の空間が４次元空間の中のあらゆる点で小さな閉じたループを作り、そこで閉じてしまい空間としての広がりを持たないのである。これ以来、小さな空間の中に新たな次元がある可能性の理論は、カルーザ-クライン理論と呼ばれている。この理論の数学的簡潔さは評価されたが、それが現実のものを記述していると考える理由が無いと思われ、また後に強い核力と弱い核力が発見された時、この理論は適切でないと判断された。カルーザによる重力と電磁気力の統一は失敗に終わったが、巻き上げられた空間次元を多数含む高次元理論の研究は進み、ひも理論が登場したのである。

ひも理論の初期において、一般相対性理論と量子力学とを統一しようとして出てくる無限大の確率は是正されるのに、マイナスの確率が出てくるという問題があった。計算により、ひもが独立した9つの空間次元で振動するとすればマイナスの確率は打ち消されることから、カルーザとクラインにならい、巻き上げられた空間次元が6つあると仮定して、宇宙に空間次元が9つあるとするとひも理論が意味をなすようになるとされたのである。

なぜ空間次元のうち3つだけが大きく拡がっていて、他は全て小さく巻き上げられているのか？　膨張しなかった残りの空間が果たして安定な状態でいられるものなのか？　など、解決されるべき疑問はまだ残されている。

その答えとして人間原理の考え方が示されている。つまり、余剰次元が小さく曲げられ縮んでいないような空間に、私たちのような知的生命体は存在しないだろうというものである。現在のところそれ以上の答えを誰も知らないが、ひも理論が正しければいつか答えを出せるはずであると期待されている。

ひもは、はっきりとした振動のパターンを持っている。そして、ひもの異なった振動は様々な質量と電荷のような力の荷を持った素粒子に対応する。巻き上げられた次元はひもの振動パターンに影響し、3つの大きな空間次元で観測される粒子の質量、力荷などは高次元幾何学で決まる。ひも理論から出てくる方程式によって、巻き上げられた次元が取り得る幾何学的な形は制約され、カラビ-ヤウ空間（カラビ-ヤウ図形）と呼ばれている6次元幾何学図形がこうした条件を満たすことが証明されている。しかし、何万もあるというカラビ-ヤウ図形のどれが巻き上げられた新たな次元に対応しているかはわかっていないため、基本的な力の性質を説明するための枠組みをひも理論は提供するが、実験で実証するような予測はできないという。

典型的なひもの大きさはプランク長さであるが、もっとエネルギーの大きいひもはずっと大きく成り得る。ビッグバンのエネルギーは巨視的な大きさのひもをいくつか生み出すのに十分なものだったはずであり、それが何らかの形で発見されればひも理論の証明になるだろう。ある振動パターンのエネルギーを左右するのはその振幅と波長であり、振幅が大きいほど、また波長が短いほどエネルギーは大きく、したがって粒子の質量も大きい。物質粒子も力の粒子もひもの振動の特定のパターンと関連しており、全ての物質と重力を含めた全ての力がひもの振動という同じ枠組みのもとに統一される。

このため、超ひも理論は万物理論（TOE = Theory of Everything)、究極理論かもしれないと評されることがある。ところが、超ひも理論が登場した1985年の時点で、超対称性をひも理論に組み込むやり方が5通りあることがわかっていた。これら5つの超対称的ひも理論は、I型理論、IIA型理論、IIB型理論、ヘテロ（32)（略してヘテロO）理論、ヘテロ$E_8 \times E_8$（略してヘテロE）理論と呼ばれている。

TOE、究極的統一理論かもしれないものに5つの種類があり、いずれの方程式にも解がいくつもあるとわかり困ったことではあったが、宇宙の基礎理論はこれら5つの超ひも理論のうちのどれかひとつであろうと考えられた。しかし、1985年以降、ひも理論の描写は完全ではないことが明らかになってゆき、ひも理論はひもだけを含む理論ではないことが認識されるようになった。ひも理論の数学はあまりに複雑なので、誰もひも理論の正確な方程式は知らず、方程式の近似しか知らないし、その近似的な方程式でも部分的にしか解けていない。

1995年、このような状況下でエドワード・ウィッテン（1951〜）らは、ひも理論には1次元のひもだけでなく、フリスビーに似た2次元の要素、球に似た3次元の要素や、それに加える様々な次元の要素が含まれているという重要な認識を示した。そして、方程式の正確な形が理解されれば、5つのひも理論は全て密接に関連しているということが証明された。有力な5つの超ひも理論は、実は全てに勝る同じ1つの理論、M理論と名づけられるさらに壮大な統合理論を記述する5通りの仕方であることが明らかになったのである。

M理論

M理論のMは、母(Mother)、膜(Membrane)、謎のような(Mysterious)を意味するなど、解釈はいろいろある。

1次元のひもは、もっと多くの次元に拡がっている物体の1つの部類にすぎないと考えられるようになり、それらにp-ブレーンという名が付けられた。p-ブレーンはp次元の広がりを持っており、p＝1のブレーンは、振動するひも（ストリング）を、p＝2のブレーンは、振動する平面または膜（メンブレン）を表しており、pの大きい場合も同様である。全てのpブレーンは同じように創造され、10次元または11次元における超重力理論の方程式の解と成り得る。私たちが知るような粒子やその相互作用を媒介する4つの力と接点を持てるほど十分に軽いのは、ひも、または、巻き上げられてひものように見える膜（膜からできたチューブ状のもの）だけである。そのため、通常はひも以外を無視して論じていいとされる。

ひも理論での1次元のひもに満ちた10次元宇宙は、M理論では、2次元の膜を抱えた11次元宇宙の近似にすぎないと考えられる。11次元の時空のうち1次元は時間で、7次元の空間は小さく丸まって超球と呼べる物を形作っており、残った3つの次元を持った、ほとんど平坦に近い大きな空間しか私たちは気付かないのだと考えるのである。

M理論は、宇宙が非常に多様な歴史を持つことを認めているが、これらの大部分は知的生命体の発生進化に適していない。3次元の空間を持つ宇宙のみに知的生命体は存在できるのである。

互いに違って見えるのに、全く同じ記述をしている物理理論を指して、双対性という言葉が用いられる。余次元の存在を示唆する観測結果は全くないが、余次元の間には双対性と呼ばれる関連性があり、全てのモデルが本質的には等価であることを示している。5つの超ひも理論は、M理論と名づけられた基本理論の異なった側面にすぎないと考えられており、また、超重力理論と物理学的に同等であることを双対性は示しているのだ。このためM理論は、万物理論（Theory of Everything：TOE）と評されるが、万物理論を見つけたと主張するにはまだ不完全なところも多い。

ブレーンワールド

1995年、アメリカの物理学者ジョゼフ・ポルチンスキー（1954-2018）らは、開いたひもの端は広がりを持つＤブレーンという膜のようなものにくっついているという理論を提唱した。

Ｍ理論では、時空は11の次元を持っており、7つの新たな次元は非常に小さく丸まっていると考えられてきた。これに対し、新たな次元のうちの1つかそれ以上の次元は比較的大きく、もしかしたら無限に広がっているというのである。それらブレーンワールドと呼ばれる仮説では、私たちが住む3次元空間の宇宙は高次元空間に浮かぶブレーンと呼ばれる膜のようなものだとされる。開いたひもは、端がＤブレーンにつながった状態で動くことはできるが、離れることはできない。一方、閉じたひもは、Ｄブレーンにつながれていなくて離れていくことができる。物質や電磁気力のような重力以外の基本的力は開いたひもであるため、ブレーンの中に閉じ込められており、時空が四次元であるかのように振る舞う。重力だけは閉じたひもであり、高次元空間（余剰次元の方向）にも伝わっていくとされる。4つの相互作用の中で重力が極端に弱いのは、余剰次元に流れ出しているからだという考えであり、重力を利用すれば余剰次元の存在を実証できるかもしれないという主張であるが、確認されてはいない。

Ｄブレーンを私たちの宇宙とみなすブレーン宇宙論では、私たち以外の宇宙も高次元時空に浮かんでいるとされ、宇宙が多数あるというマルチバースの考え方である。また、私たちが生活しているブレーンの近くに別のシャドウブレーンがあるかもしれないという。光はブレーン内に閉じ込められて空間を伝わることができないため、シャドウ世界があっても私たちには見えない。しかし、そこにある物質による重力は私たちのブレーンにも影響を及ぼすので、このような重力は暗黒物質によるもののように感じられるのだ。暗黒物質を想定しないと補えないような質量の不足は、シャドウ世界にある物質の存在を支持する証拠として考えることもできるというのである。

別の可能性として、アメリカの物理学者リサ・ランドル（1962〜）とラマン・サンドラム（1964〜）は、ブレーンがその次元方向に無限に拡がっているけれどサドルのように曲がっている場合、2つめのブレーンのように作用することを示した。シャドウブレーン・モデルでは、重力波は跳ね返されて2つのブレーンの間にとらわれるだろうが、ランドル-サンドラム-モデルでは、重力波は全て逃げてしまいエネルギーを持ち去ってしまうことになる。重力波の放出源はブラックホールであり、徐々に蒸発してブラックホールは小さくなっていく。直接観測することはできないが、ブラックホールが質量を失っている事実から推測することができるというのだ。

ブレーンワールドのブラックホールからの放射は、粒子の量子ゆらぎによって起こるが、この量子ゆらぎによってブレーンの生成、消滅が生じる。ブレーンの量子創生は、沸騰した水の泡形成と似ている。ブレーンでの泡が内部を高次元空間にすることで、ブレーンワールドは不確定性原理により無から創生される。非常に小さい泡は無くなってしまうが、ある程度大きくなった泡は臨界サイズを越えて成長し続けるだろう。そして、泡の表面であるブレーンの上にいる私たちのような人間には、宇宙は膨張しているように見えるというのである。

ブレーンワールドモデルはまた、重力がこれほど弱く見える理由も説明してくれるかもしれないという。

ひも理論とエキピロティック宇宙

アインシュタインの理論は、ビッグバンの起こり方やビッグバン以前の現象については論じられない。時間の始まりでは、この宇宙は完全な対称性を保っており、重力、電弱力、強い力は1つの力に統一されていたと考えられている。

超ひも理論によると、宇宙誕生後10^{-43}秒くらいで、大きさが直径10^{-33}cmくらいの頃、超ひも理論の記述する量子重力が宇宙の支配的な力だった。

10^{32}Kという温度で、重力が他の大統一力から分離した。宇宙は急激な膨張を続けており温度も低下していった。

宇宙の大きさがボーリングのボールくらいの時、強い力が電弱力から分離した。

宇宙創生から10^{-9}秒後、宇宙の温度は10^{15}Kまで下がり、電弱力が電磁気力と弱い力に分かれた。宇宙は、自由クォークとレプトンと光子が、まだばらばらの状態であった。

さらに宇宙の温度が下がると、クォークが結合して陽子と中性子が形成され、宇宙創生から3分後、安定な原子核が形成され始めた。

ビッグバンの30万年後、温度は3000Kまで下がり水素原子が安定して存在できるようになると、光が吸収されずに走れるようになり宇宙はついに晴れ上がった。

ビッグバンモデルの問題を修正する理論としてインフレーション理論が提唱され、その基本的な考え方は多くの宇宙論学者に受け入れられており、ほとんどの測定や観測がその予測に一致している。

証明はされていないが、ビッグバン以前についての超ひも理論による予想によると、宇宙は最初10次元だったが、10次元宇宙は偽の真空状態にあり不安定であった。このため10次元の時空構造が崩壊して、よりエネルギーの低い2つの宇宙、4次元宇宙（この宇宙）と6次元の宇宙ができた。この爆発のエネルギーでインフレーションが進行したという。そして、インフレーションが弱まった後、ビッグバンが現れ、以後はビッグバンのシナリオ通り膨張宇宙に移ったと予想されているのだ。

ところが、2001年、ポール・スタインハート（1952〜）、ニール・チュロック（1958〜）、ジャスティン・クーリーにより、インフレーション宇宙に代わる案として、エキピロティック（ギリシャ語の大火に由来）宇宙モデルが提案された。このモデルはひも理論を拡張して、物質は一次元のひもではなく複数次元の膜（ブレーン）でできているとする考え方に基づいている。そして、私たちの宇宙は3次元の空間ではなく巨大な膜（3ブレーン）であり、多次元の宇宙で平行する他のブレーンと並んで浮かんでいるとしている。このモデルでは、ビッグバンを引き合った2つの膜宇宙同士の衝突としており、衝突のエネルギーが物質や光に転換されたことで、宇宙は高温、高密度の状態（ビッグバン）になったというのである。

インフレーション理論では、ビッグバンの瞬間には特異点（温度と密度が無限大）ができるが、エキピロティック・モデルでは、宇宙は時空の一点に集中せず特異点を考えることはない。さらに、特異点が無いだけでなく宇宙には始まりもなく、このブレーンが多次元の宇宙で行ったり来たりする中で、どこまでも拡大と収縮を続けている循環宇宙が提唱されている（サイクリック宇宙論）。宇宙の生涯は、無限の過去と無限の未来の中で衝突と膨張を永遠に繰り返されることになるため、始まりもないと同時に終わりもないと考えられる。

エキピロティック宇宙モデルには欠陥も見つかったが、別の研究者らによって修正モデルも発表されている。賛否両論あるが、宇宙論にひも理論を当てはめようとするものとして期待されている。

エキピロティック宇宙モデルもインフレーション理論も、その直接の証拠はまだ見つかっていない。インフレーション期の爆発的な膨張の際の量子ゆらぎを起源とする原始重力波が観測されれば、インフレーション理論に有力な証拠となる。逆に、エキピロティック宇宙モデルにはこのような重力波を生み出すメカニズムは含まれていないので、反証となる可能性がある（モデルによっては、観測不可能なレベルの原始重力波が生じる可能性はあるらしい）。

ひも理論とブラックホール

ひも理論以前では一般相対性理論と量子力学の衝突が問題であったが、ひも理論の発見により、ブラックホールや宇宙の起源についての謎が解けるのではないかという期待がある。ひも理論家たちは、ブラックホールとひもは同じ方程式で記述できることを示した。

素粒子を区別する属性は、質量、力荷、スピンであり、ブラックホールを区別する特徴は、質量、力荷、回転速度である。このように区別される特徴が似ていることから、ブラックホールは実は巨大な素粒子かもしれないと推測する者もいる。通常、ブラックホールの属性を理解するには一般相対性理論の方程式があればよいが、ブラックホールの総質量がプランク質量（陽子の質量の 10^{19} 倍ほどで、素粒子の視点から見ると大きいが、ブラックホールの視点から見ると小さい）程度に軽くて小さくなると、量子力学が働き始める。ひも理論は、ブラックホールと素粒子との間に理論的つながりを初めて提示した。

カラビ-ヤウ空間内部の3次元球面は、これに巻き付いた3ブレーンが保護的な遮蔽効果を示して破滅することなくつぶれ、3次元球面の周りに拡がった3ブレーンは、ブラックホールのような重力場をつくる。アメリカの物理学者ゲイリー・ホロウィッツ（1955〜）とアンドリュー・ストロミンガー（1955〜）は、この3ブレーンの質量や力荷といった属性がブラックホールのそれに似ていることを証明している。しかも1995年にストロミンガーは、3ブレーンの質量、つまりブラックホールの質量は、それが包む3次元球面の体積に比例し、3次元球面が一点に縮むと、対応するブラックホールは質量が無くなると論じている。そして、ブライアン・グリーンらの研究で、当初質量の大きかったブラックホールが軽くなってついには質量が無くなり、光子のような質量の無い粒子に変わると結論づけられた。ひも理論で光子のような粒子は、特定の振動パターンを示すひもである。こうしてひも理論によって、ブラックホールと素粒子の間につながりが確立されたのである。また、ブラックホールと素粒子の関係について、水の相転移との類似性も指摘されている。ストロミンガーとグリーンらは、水が氷になるように、条件によってブラックホールが素粒子に変わり得ることを示したのである。

スティーヴン・ホーキングは、ブラックホールの事象地平（光も脱出することができなくなる面）の面積は、どんな物理的相互作用を受けても常に増大するということを証明していた。1972年、イスラエルの物理学者ジェイコブ・ベケンシュタイン（1947-2015）は、絶対零度であると考えられていたブラックホールの表面温度が、絶対零度よりも大きくなれることを示した。そして、ブラックホールの事象地平の面積はそのエントロピーを正確に示しているとして、ブラックホールにはエントロピーが大量にあるかもしれないという説を唱えた。

熱力学の第二法則によると、ある系のエントロピーは常に増大する、つまり、より無秩序な状態に向かう。当時、ホーキングも含めて多くの物理学者は、ブラックホールに無秩序さを生じさせるような構造は無いと思えることから、ベケンシュタインの説は正しくないと考えていた。しかし、1974年にホーキングは、一般相対性理論の法則だけからでは、ブラックホールの引力からはどんなものも光さえも逃れられないことになるが、量子力学を考慮に入れると、ブラックホールは放射を行うということを発見した。ホーキングの計算によれば、質量が小さいブラックホールほど、温度は高く放射は強いとされる。また、ブラックホールは質量が大きいほどエントロピーも大きいとされ、莫大な量の無秩序を抱えていることが証明されたといえる。しかし、ブラックホールにどんなミクロ構造があれば、ブラックホールのエントロピーを説明できるのかという問題は未解決のままだった。

1996年、ストロミンガーとヴァーファは、ひも理論を用いてブラックホールのミクロの構成要素を特定し、これをもとにエントロピーを計算した結果、ベケスタインとホーキングの予測とぴったり一致することを確認した。このように、ブラックホールの蒸発現象に対する信頼性は増している。彼らはまた、新たに見つかったひも理論の構成要素から、ブラックホールが形づくれることを明らかにしたのであるが、宇宙初期のミニブラックホールの生成率については信頼できる予言はない。

長年議論された問題として、ブラックホールに投げ込まれた情報が保存されるかというブラックホールの情報問題というものがある。ホーキングは、一般相対性理論と量子論とからホーキング放射を計算して、ブラックホールに取り込まれた情報は戻らないという結果を得た。このホーキングの主張に対し、超ひも理論から生まれたＤブレーン理論では、情報は失われずブラックホールの表面に保存されるとされている。ホログラフィー原理と呼ばれる理論で、重力を含む3次元空間での現象であるブラックホール内部の情報が、重力無しの2次元の平面（ブラックホールの表面である事象の地平面））に投影され、表現できるという考え方である。そして、その保存可能な情報量は、超ひも理論にも基づいた計算から導かれる情報量と一致することが見いだされており、多くの支持を得ている。

ループ量子重力理論

1930年代、ロシア人物理学者マトベイ・ブロンスタイン（1906-1938）は、量子を考慮にいれた場合、空間の特定の一点において重力場を正しく記述することができなくなることに気づき、際限なく分割できる連続体として空間を捉える限り、量子力学と一般相対性理論は両立しないことを立証する論文を発表した。以後、量子重力理論の研究に取り組んだ物理学者のひとりジョン・ホイーラーは、巨大なスケールでは平坦で滑らかでありユークリッド幾何学によって問題なく記述されるが、プランク長のスケールまで小さくするとぶくぶくと泡立っているような空間を想像した。1966年、ブライス・ド・ウィット（1923-2004）は、この空間の泡立ち、つまり、相異なる幾何学図形から成る確率の波を描写する、空間の波動関数のための方程式を提案した。この方程式はホイーラー＝ド・ウィット方程式と呼ばれ、量子重力理論を構築する際の指針になったが多くの問題があった。この方程式を使って計算を行なおうとすると、意味のない無数の解が得られた。また、この方程式は時間を変数に含んでおらず、時間の流れの中で展開する事象を計算したいとき、どうすればよいのかわからなかった。

1980年代の終わりごろ、アメリカの物理学者リー・スモーリン（1955〜）とテッド・ジェイコブソン（1954〜）は、空間の中の閉じられた線が方程式の解を左右するという奇妙な性質を持つ解を見つけた。閉じられた線は輪（ループ）の形状をしており、それ自体として完結している閉じられた線を計算の対象にするなら、ホイーラー＝ド・ウィット方程式の解を求めることが可能であった。電磁場がファラデーの力線で表されたように、重力場を表す線がこのループである。これらの解に基づき一貫性のある理論が少しずつ構築されていき、ループ理論やループ量子重力理論の名で呼ばれている。

この理論によると、時空は量子規模の結び目が織りなす絨毯のような織物であり、この結び目は粒子だけでなく時空も生み出すという。スピンネット重力理論とも呼ばれ、スピンからなるネットワーク（スピンネット）上を素粒子のスピンが光速で動くことにより、空間と時間が紡ぎ出されるというのである。

光の量子は電磁場の量子であるが、空間は重力場であり、重力場の量子は空間の量子であると考えられる。つまり、重力場の量子は空間を形づくる粒状の構成成分であるというのが、ループ理論から導き出される最も重要な予測である。光子は空間の中に存在しているが、重力の量子、空間の量子は、それ自体が空間を形づくっている。同様に、重力の量子は時間の中で展開するのではなく、むしろ、量子の相互作用の結果として時間が生じてくるとしている。物理的過程は時間の中にあるのではなく、それ自体が時間そのものに相当するという。

ホイーラー＝ド・ウィット方程式は時間を変数として含んでいないが、ループ理論を使えば、空間の量子的な構造を数学的に記述し正確な寸法を計算することが可能になる。空間の粒から隣の空間の粒へと移動し、輪を描いて出発地点まで戻ってくればループを描いたことになる。ループ理論の数学は、ループの曲率を特定することによって、時空間の曲率、つまり、重力場の力の大きさを計算することができる。ループ量子重力理論の方程式が教えてくれるのは、時空間の箱の中で起こり得る全ての状態の確率であり、この確率はファインマンの経路総和法により、起こり得るあらゆる時空間を足し合わせることで計算できる。

一般相対性理論では宇宙の始まりの特異点は避けられず、宇宙の起源と運命を理解するためには、重力についての量子論（量子重力理論）を必要とする。ループ量子重力理論の方程式を宇宙に適用すれば、収縮過程にある宇宙が広がりを持たない点まで縮むことはなく、宇宙の収縮にも限度があることが判明する。ループ量子重力理論によると、宇宙には無限に小さな点は存在せず、宇宙がプランク長のスケールよりも小さくなることはない。宇宙がこのスケールまで小さくなると、量子的な反発力によって宇宙は跳ね返され、巨大爆発を起こして再び膨張を始めると考えられる。この巨大な反発は、ビッグバンの代わりにビッグバウンスと呼ばれている。

1970年代初め、ホーキングは、ブラックホールが熱を発してエネルギー（質量）を失い、少しずつ小さくなっていくことを、つまり、ブラックホールは蒸発することを発見した。ループ量子重力理論によると、振動によりブラックホールの熱を生み出しているのは、ブラックホールの表面にある空間の量子である。イタリア人の物理学者エウジェニオ・ビアンキ（1979〜）は、ループ量子重力理論の基礎的な方程式から、ブラックホールの熱をめぐる公式が導き出せることを示した。一般相対性理論によれば、ブラックホールの中心では全てのものが限りなく圧縮され、無限に小さな一点に押しつぶされる。しかし、ループ量子重力理論によると、体積がゼロの特異点ができる前に量子の反発的効果（量子効果）を受けて膨張に転じるだろうとされる。一般相対性理論によれば、ブラックホールは永続的に安定な存在であったが、ループ量子重力理論では、ブラックホールは不安定な存在とされ、爆発する可能性も示唆されている。ブラックホールの爆発が観察されれば、理論の裏づけになるかもしれない。

リー・スモーリンは、ビッグバンの時やブラックホールの中心はどちらも物質密度が莫大であることから、ブラックホールは新たな宇宙の種だという案を提唱している。ブラックホールの中で子供の宇宙が生み出されるというのだ。そこからビッグバンで新たな宇宙が誕生するが、ブラックホールの事象地平は形成されているので、私たちの視界には永久に届かないという。スモーリンは、多宇宙が発生するメカニズムだけでなく、宇宙の誕生に伴い、粒子の質量や力の強さといった物理的属性が変異する可能性も示唆している。このうちブラックホールを生成できるような物理定数を持つ宇宙のみが繁殖し、進化していくのではないかというのだ。スモーリンが提唱している宇宙論的自然選択の理論は、人間原理を持ち出すことなく、世代を重ねるにつれて宇宙のパラメーターがいろいろな条件に最適な値になるようなメカニズムを提示しているといえる。

ひも理論とループ理論

ひも理論では、小さくしようとひもを押し潰していっても潰れて点になることはないが、逆に大きくなっていくという。また、時間と空間抜きのひも理論が、時間と空間を含む別のひも理論と変わりないらしく、時間と空間がそれほど基本的なものではないといえる。ひも理論は素粒子物理学がもとなので、普通の時空が背景であり、ひもから時空をつくれないのである。一方ループ理論は、ループという形からループ空間という時空をつくり出すという理論である。つまりループこそ時空なのであるが、この背景から残る宇宙全部をいかにしてつくり出すかというのが問題となる。

ループ理論の主な提唱者であるスモーリンの目標は、ループ空間とＭ理論とを結びつける関係を見つけることだという。彼は、時間も空間も物質も全てもっと大きな織物の一部であり、そこにある関係が全てであると考えている。

究極理論を目指して

科学の最終的な目標は、全宇宙を記述する単一の理論を提供することにある。宇宙とその内部の全てを支配する、完全な統一理論への探究は成功するのか？

私たちは、部分的な理論の発見を重ねることで前進してきたが、最終的に見つけたいのは、こうした部分理論を近似法として全て包括する、完全な矛盾のない統一理論である。私たちには、一般相対性理論や、部分的な重力理論、弱い力や強い力、そして電磁気力を支配する部分的な理論がある。重力以外の3つの力の部分的理論は本質的に量子力学によって決まり、いわゆる大統一理論としてまとめられている。

重力と他の力を統合した理論が見つけにくい主な理由は、一般相対性理論が量子力学の不確定性原理に組み込めないことにある。これができれば、目覚ましい成果が得られるはずである。

電磁場に対して光子を考えたように、重力に対しては重力子を考える必要があるが、エネルギーの塊として量子化すべきは重力波であると考えられている。重力波の量子エネルギーの塊を重力子として考えるような理論が発見されれば、重力の量子論（量子重力理論）と呼ばれることになるといえる。ループ量子重力理論が示唆している、空間の量子化や時間の消失といった極端な概念上の帰結は、一般相対性理論と量子力学を足がかりにして、離散的な量子と屈曲した空間が共存する世界がどのように成り立っているのかを理解しようとする試みではあるが、確固たる証拠が欠けている。残念ながら理論的すぎて実験や観測で証明するのは困難である。

ひも理論は、一般相対性理論と量子力学を統一する期待が最も高いようであり、重力の量子的記述の見込みや数学的な美しさはあるというが、具体的で検証可能な予測はしていないため、不完全でまだ最終的な理論ではない。超ひも理論が成り立つためには、超対称性粒子の存在が確認されなければならないが、新型の素粒子加速器でもまだ、この粒子は発見されていない。ひも理論は、最新のＭ理論の形をとったものでも完成にはほど遠く、数学的構造体は数多く見つかっているが、その方程式の根底にある基本原理はまだ明らかにされていない。ひも理論には、私たちがいるこの特定の真空状態を選ぶ原則が欠けており、単一の真空状態もなければ基底状態もなく、それどころか基底状態は何万とあるのである。

ひも理論で、全ての無限大がお互いに打ち消し合うのか？

振動するひもを、私たちが観測する特定の種類の粒子とどう結びつければいいのか？

11次元のブレーンやひもの世界から、この4次元の宇宙がどのようにして生まれてきたのか？

これらを説明できてこそ、完全に機能する万物理論（TOE）といえるのではないか。

物理的世界を支配する基本定数が微調整されているような微調整問題は、人間原理から論じられる。つまり、宇宙が生命にとって好都合でなかったら、私たちがそのことを論じたりすることはないという考え方である。微調整問題は、多宇宙（マルチバース）の考え方によっても説明される。すなわち、私たちの宇宙は別々の基本定数を持つたくさんの宇宙の1つにすぎず、ちょうど私たちが生存できる基本定数を持っているからだというものである。超ひも理論の研究者の間でも、物理法則には無数の可能性があり、この宇宙の物理法則は偶然決まったのではないかという見方が強まっているらしい。

アインシュタインは、自然法則やこの宇宙は他にも選択肢があったのかどうかという疑問を持っていた。物理定数が今の値に成っている理由を知るには万物理論が必要であるが、万物の統一理論は本当に存在し得るのか？

現在多くの物理学者が共有している考え方は、最終理論であるためには、その理論以外の最終理論は有り得ないと認められるような理論であるべきだという考え方である。究極理論であるなら、それが論理的不都合や矛盾など無く宇宙を記述することができる唯一の理論であるべきだ。

物理学の理論が、既に確立された数学を用いなければならないわけではなく、必要に応じて新しい数学が開発されるべきである。

宇宙の始まる前はどうなっていたのか？

宇宙はどのようにして誕生したのか？

宇宙に果てはあるのだろうか？
あるとしたらその向こうには何があるのだろうか？
万物理論が完成すれば、こうした疑問に答えられるかもしれない。

著者の見解

超ひも理論は、万物理論として最も有力視されている理論である。素粒子の標準理論と比べ、基本粒子が点状粒子ではなく一次元のひもであることにより、無限大の問題を解決できること、重力も統一的に扱えることなどがその根拠とされる。しかし、超対称性を重要としている点で、素粒子の標準理論と同じく私には理解しにくい理論である。ひもは長さを持つといっても太さは持たないものであり、それらが集まってどのように万物を形づくっていくのかをイメージすることができないのである。このため、私は最初、超ひも理論に対して懐疑的であった。ただ、超ひも理論の粒子には開いたひもと閉じたひもがあり、それらのひもが組み合わさったり分かれたりする様子や、ひもの輪が合体したり分裂したりする様子はイメージしやすいものである。そしてこの描写はRM理論に共通するものなので、ここでそのあたりを説明したい。

RM理論では、大きさを持つ球状のプラス粒子とマイナス粒子を基本粒子としており、それらがペアになった粒子が光子（プラマイ粒子）であることは既に述べた。しかし、他の粒子がどのような構造を持っているべきかということについては具体的な見解を示せていない。同種の粒子は反発し異種の粒子は引き合うというルールさえ守れば、基本的に、この2種類の粒子からどんな構造の複合粒子もつくることができると考えられ、その妥当性を検討するには私の知識が不足しているためである。例えば、これら2種類の粒子を交互に長く連ねていくとひものような構造物ができるし、さらに両端の粒子が異種の粒子なら閉じたひもの輪をつくることもできる。これらが合体や分裂をする様子は、ひも理論の描写と共通しているとはいえないだろうか。ひも理論では、分かれたり合わさったりするときのひも同士に働く力についてはよくわからないが、RM

理論ではそれがイメージできるし、エネルギーが高いと光子が発生して消えてしまうことも説明できるのだ。ひもは一重のものだけでなく、二重のものもつくることができ、プラマイ粒子の数が増えれば、輪になるだけでなく二重らせん構造もつくることができる。私たちの身体の中にある遺伝子が二重らせん構造をつくっているくらいだから、基本粒子が同じような構造をつくっていても不思議はないだろう。ひも理論のひもが万物をつくっていると言われてもあまり納得できないが、球状の基本粒子が連なってひも状の粒子をつくっているというのなら理解できるのではないだろうか。さらにこの基本粒子は、Ｍ理論が示す膜状の構造や、立方体のような立体構造もつくることができる。マクロの物質をつくるためのもとになる安定なミクロ粒子はどのような構造であるべきかについて私は見解を持たない。加速器実験のデータやコンピューターのシミュレーションによる分析により、納得のいく結論が得られることを望んでいる。

ひも理論、Ｍ理論を発展させた膜宇宙の世界（ブレーンワールド）は、論じられている内容の根拠が乏しく、その描写は私たちが実際に感じている宇宙とはまるで違う世界であり、説得力にも欠けており、私には受け入れがたいものである。同じくひも理論を拡張して、万物が膜でできているとするエキピロティックモデルも、宇宙を巨大な膜であるとするのは無理が有るように思える。ただ、インフレーションやビッグバンモデルでの特異点をなくす発想であることは評価できる。特に、ビッグバンを膜宇宙どうしの衝突としており、衝突と膨張をくりかえす循環宇宙の考え方は、前述したように私の宇宙に対する考え方と共通するものである。ただし私の場合、永遠に続く宇宙であって欲しいという希望的な考え方であって、確実にそうなるというほどの必然性や根拠を示せるわけではない。そういう可能性もあるだろうという程度である。

ひも理論の方程式は難解らしく、私たちが読むような書物には示されていないので、それがどのような意味を持つのかは私には理解できない。しかし、本文に取り上げた、ひも理論とブラックホールに関する記載は、私にとって興味深いものである。ブラックホールとひもが同じ方程式で記述できること、ブラックホールは実は巨大な素粒子かもしれないということ、質量の大きかったブラックホールが軽くなっていき、光子のような質量の無い粒子に転化するということなど、私がイメージする光子、ミクロ粒子やブラックホールと共通しているように思えるからである。ひも理論家たちの解釈の仕方はだいぶ違うが、もしかしたらひも理論が記述する方程式の世界は、私がイメージする万物理論の世界に近いのではないかとさえ思えるほどである。RM理論が示すブラックホールは、エントロピーが最小であるにもかかわらず、莫大な量の無秩序を抱えており、ベケンシュタインとホーキングの予測を支持するものである。ひも理論の計算がこの予測と一致すること、ひも理論の構成要素からブラックホールが形づくれることなど、ひも理論が興味深い理論であると私が考える所以である。ただし、超ひも理論やDブレーン理論によるホログラフィー原理については、どのように情報がブラックホールに保存されるのかをイメージできないので、なぜそうなるのかの説明が必要である。私の考えは、ブラックホール内に投げ込まれた物質も情報も、もとの形を保てないであろうというものである。

ループ量子重力理論も私にとって興味深い理論である。時空のイメージは異なるが、素粒子のスピンが光速で動くことにより空間と時間が紡ぎ出されるという描写は理解しやすい。ただ、スピンネットワーク上を動くというのはやや窮屈な気がする。現在の時空間は宇宙初期の時空間に比べ、もっと自由にミクロ粒子が動ける場所であるべきだ。重力の量子が空間の量子であり、それ自体が空間を形づくっているという描写や、時間と空間を分けて考えている点も私の考えとは異なっている。時間を止めて考えれば空間はそれだけで存在しているといえるが、動いている空間であるので時空と呼ばれるのだ。そして、その時空の動きの速さや広がりの大きさを決めているのが光子であるというのが特殊相対性理論に基づく私の考えである。光の量子は光を形づくる電磁場の量子であると限定されるべきではなく、同じ空間を電磁場と重力場に分ける必要もない。場が粒子やエネルギー、時空間を生み出すという考え方は、無から有が生み出されることを当然のように論じている現代物理理論に共通する考え方であり、これを改めなければ正しい理論には到達できないだろう。ループ量子重力理論でも宇宙の始まりに特異点はなく、プランク長のスケールで反発力が働きビッグバウンスを起こすという。また、この理論によるブラックホールの描写も私の考えるブラックホールのイメージに近いものであり、リー・スモーリンによる、ブラックホールは宇宙の種だという発想は、まさしく私の考えと共通するものである。ただ、新たな宇宙がブラックホールの内部に隠されているという考え方や、発生する多宇宙の物理定数が異なるという考え方には賛成できない。RM理論でもブラックホールの爆発を予想しているので、これが観測されたからといって、ループ量子重力理論が正しいとはいえない。

ひも理論のひもから時空はつくれず、ループ理論は空間をつくるが宇宙にあるそれ以外のものについてはわからないという。万物理論であるためには、少なくとも私たちの宇宙に存在する（私たちが観測している）全てのことを説明できる単一の理論でなければならない。残念ながら、現代物理理論の世界で紹介した理論はどれも、その一部しか説明できない理論である。それらの理論を組み合わせて統一理論がつくれるならそれにこしたことはないが、それでできるなら既に完成していてもおかしくないくらいの年月と労力が費やされているはずだ。それができていないのは、万物のもとになる粒子が大きさの無い点状の粒子であるとか、長さはあるが太さのない一次元のひもであるということから理論が組み立てられていることに原因があるのではないかと私は考えている。大きさのある粒子による理論の構築は、多くの物理学者がそれを目指していたという事実から、その妥当性は説明するまでもなく万人に受け入れられるべきものであると私は信じている。それが最近は誰も試みなくなったのは、点状粒子に基づかない量子論の構築に失敗してしまい、ディラックが相対論的量子論で点状の粒子にスピンを与えることに成功したためである。点状の粒子であれば生成消滅の性質を持たせることが簡単であるから、多くの物理学者たちも賛同したということは本文に書いたとおりである。つまり、素粒子が点状であることに根拠も必然性もないのだ。それは数学的に万物を記述するのには都合がいいことかもしれないが、物理的イメージで考えようとすると無理が生じる世界であるといえる。

RM理論は、大きさのあるプラスとマイナスの球状粒子から万物が成り立っていることを説明する理論である。光電磁波、時空、ミクロ粒子、物質粒子、力の統合、宇宙の誕生と進化について、各章で私の見解を述べてきた。次の第2部では、RM理論の世界をより系統的に紹介していきたいと思う。RM理論は、現代物理理論に比べてよりシンプルでわかりやすい理論であると考えるが、その意義を理解するには複雑でわかりにくい現代物理理論の知識が必要である。私がイメージするRM理論の世界がうまく伝わることを願っている。

第２部　RM理論の世界

第１章　光・電磁波理論

現代物理理論の疑問点

光は見えるか？

私が小学校の1年生か2年生の頃、担任の先生が教室のみんなに向かってこう質問した。

光は見えると思いますか、見えないと思いますか？

大半の生徒は見えると答えたが、私を含む数人の生徒は見えないと答えた。先生は、見えないと答えた生徒たちを教室の外に出し、一人一人に見えないと答えた理由をたずねた。私以外の生徒たちの答えは、光は見えるのが当たり前のはずなのに、先生がわざわざそんな質問をしたから、正解は逆に違いないと思ったというものだった。しかし、その時の私の答えは違っていた。光っているものや光が当たっているものは見えるけれど、光そのものは見えないというのが私の答えであった。それに対して先生のコメントはなく、なぜ光についてそのような質問をしたのか、正解はどちらなのかについても教えてもらえなかった。

この出来事は、後に光について学ぶ機会を得るようになってからも、ずっと心にひっかかっていた。可視光という言葉があるように、光は電磁波の一種で目に見えるものとされている。しかし、光について多くを学んでも、光を目で見えるように示してくれる理論は見つからなかった。光が万人に見えるものなら、万人が共通して光の絵を描くことができるはずであるが、芸術の世界でしかそれはできない。私たちの目は光を感知することによって物を見ることはできるが、光そのものは見えないという私の直感は間違っていなかったと確信している。光の粒子は小さすぎて、人間が発明したどんな器具を使っても直接見ることはできないというのが私の得た結論である。

実際に目で見えない光を見るためには、心眼を使う（心の眼で見る）しかない。こう表現するとイカサマっぽく聞こえるかもしれないが、人類が光について積み重ねてきた知識を整理してみると、自ずと見えてくるものがあるのだ。これについては後述する。

光は波であり粒子である

光の粒子説と波動説が長い間論争を繰り返し、アインシュタインにより光は波の性質を持つ粒子（光量子）であることが判明した。このことは現代物理理論の世界で紹介した通りである。つまり、光は波としての性質も粒子としての性質も持っているということである。そのため光は波型の線で表されたり、丸い円（3次元的には球）で表されたりする。図に描かれているのは丸い円（球）であるが、素粒子論では、光の粒子（光子）も含め、素粒子は全て大きさのない点状粒子とされている。さらに光子は質量も無いことになっている。大きさも質量もない光子が、いかにしてエネルギーを持ち、他の粒子と相互作用をすることや、波としての性質も持つことができるのか、というのが光に対する解明すべき疑問点である。

電子と陽電子が対消滅して光子が現れる

ディラックによる相対論的量子論から、電子と反対の電荷を持つ陽電子の存在が予言され、実際に発見された。さらにこの理論から、電子と陽電子（粒子と反粒子）が対消滅して光子が生まれ、逆に光子から電子と陽電子（粒子と反粒子）が対生成することが予言され、実際に加速器によりこれらの現象が確認されている。光子の場合、粒子 = 反粒子であり、電荷はゼロであるとされている。電荷を持たない光子から、いかにして電子と陽電子が生まれ、その逆も起こり得るのか、というのが解明すべきもう一つの疑問点である。

光子は電磁気力を媒介する

素粒子論では、力は力を担う粒子を交換することによって生じるとされている。そして、電磁気力は電磁場の量子、すなわち光子をやりとりすることによって生じるというのが当たり前のように論じられている。しかし、そのメカニズムに関する説明はなされていない。電気力と磁気力の関係についても不明な点が多い。こうした疑問点も解明されるべきものである。

光子のスピンは1である

量子力学では、物質粒子間の力あるいは相互作用は、全て整数スピンの粒子によって運ばれると想定されている。そして、光子のスピンは1とされ、完全に1回転（360度）させた時にだけ同じに見えるとされている。点状粒子であるはずの素粒子にスピンという量子数が規定されていることは理解しにくい。さらに、光子のスピンが1であることの理由も知りたいところである。こうした疑問点も解明されるべきものである。

RM理論による解釈

光子のイメージ

RM理論では、素粒子は点状粒子ではなく、プランク長（1.6×10^{-33} cm）程度の大きさを持つ球状粒子と規定する。素粒子には、プラスの電荷を持つ粒子（プラス粒子）とマイナスの電荷を持つ粒子（マイナス粒子）との2種類がある。プラス粒子とマイナス粒子との間には引力が働き、プラス粒子同士、マイナス粒子同士の間には反発力が働く。このため、プラス粒子とマイナス粒子は、それぞれ単独で存在することはできず、お互いがくっついてペアになった粒子（プラマイ粒子）を形成する。これが光の粒子（光子）である。

光子（プラマイ粒子）は、プラス粒子とマイナス粒子の間を軸として1回転（360度）させることにより、もとの粒子にもどるため、スピンが

1であることがわかりやすい。また、全体としては電気的に中性であるが、プラスとマイナスの両方の電荷を持っているため、電磁気力が働くことも理解できる。

光子は明らかに粒子であると考えられるが、プラス粒子とマイナス粒子との複合粒子であるため、回転することにより波としての性質を持つ。何の波かというと電荷の波である。プラスとマイナスの周期が、すなわち波として認識されるということだ。光子（プラマイ粒子）を進行方向の横から見ると、時計まわりと反時計まわりの回転が考えられるが、どちらも電荷は上下（進行方向に対して垂直）方向に往復運動しており、横波であることがわかる。1秒間に何回転するかが振動数（周波数）であり、1回転する間に進む距離が波長である。このようにイメージすると、振動数の小さい電磁波は波としての性質が強く現れ、振動数の大きい電磁波は粒子としての性質が強く現れるのも理解しやすいのではないだろうか。光子を進行方向から見ると、回転によりプラス粒子とマイナス粒子が交互に現れるのが見えるはずであるが、私たちはこの粒子を見ているのではなく、プラスの電荷とマイナスの電荷が現れる周期を感知しているものと考えられる。ただしこれは、可視光以下の振動数の小さい電磁波に関してのことであり、紫外線より振動数の大きい電磁波は、エネルギーの大きな粒子として物質と相互作用したり、物質を透過したりするものと考えられる。

磁気については明確なことは言えないが、電荷の動く方向に対して垂直方向に力が働くことから、回転している光子（プラマイ粒子）が見える横方向が磁力線の方向と私は考えている。すなわち、光子（プラマイ粒子）を横から見て回転の向きが同じであれば引力として、向きが反対であれば反発力として働くのではないかと考えているのだ。この場合、光子（プラマイ粒子）はエネルギーを運ぶ粒子としてではなく、電磁場に捉えられた時空の粒子として存在するものである。

素粒子論のところでも論じられていることではあるが、光子（プラマイ粒子）は多く集まって、私たち人間が認識できるようなミクロ粒子を形成する。プラスの電荷を持つ粒子（プラス粒子）にプラマイ粒子がくっついたものは電荷がプラスのミクロ粒子となり、マイナスの電荷を持つ粒子（マイナス粒子）にプラマイ粒子がくっついたものは電荷がマイナスのミクロ粒子になる。現代物理理論で点状粒子とされるミクロ粒子も、RM理論では何らかの構造を持つ複合粒子であると規定される。こう考えることで、電子と陽電子（粒子と反粒子）が消滅して光子が生まれ、逆に光子から電子と陽電子（粒子と反粒子）が対生成することも理解しやすいのではないだろうか。

第2章　時間空間理論

現代物理理論の疑問点

時間と空間はどのように始まったか？

　宇宙論で論じられていることが多いが、時間と空間は宇宙とともに始まったと考えられている。しかし、宇宙論の主流はアインシュタインの一般相対性理論を前提にしているため、宇宙の始まりに無限大の密度と無限大の時空湾曲率を持つ点（特異点）を避けられない。これは、宇宙の始まりや時間と空間の始まりについて合理的な説明ができないことを意味する。そのためヴィレンキンによる無からの宇宙創生論では、量子力学的な意味で絶えずゆらいだ（時間も空間もない）無の状態から宇宙が泡のように現れ、真空のエネルギーにより急膨張したとされている。時間と空間がまだ形成されていない間の時間は虚数時間で表され、こうすることにより特異点をなくすことができるというのだ。しかし、無から宇宙が現れるという理論は、無から何が現れても不思議がない都合のよい理論としか思えない。質量・エネルギーの保存則や電荷の保存則はどこから生まれたのか、納得のいく説明がほしいものである。また、宇宙が現れる前の虚数時間については、数学的に表された世界を物理的にイメージすることの難しさを象徴しているものと考える。ホーキングによる量子宇宙論では、宇宙は時間と空間の形とされ、その形が虚数の時間から実数の時間に変わる時、宇宙が始まるとされている。この場合、宇宙が無からつくられる必要はなく、時間も空間も宇宙の誕生前から既に存在していたことになるというが、時間と空間の形がイメージできるような説明はない。

時間と空間は時空として結びつけて論じられるべきか？

ニュートンによる絶対時間、絶対空間の考え方が当たり前であった頃、時間と空間は全く別々に存在する概念であり、物質の動きにも影響されないものであった。これに対してアインシュタインの特殊相対性理論では、光速度が絶対的なものとされ（光速度不変の原理）、時間と空間は相対的に変化するものとなり時空として結びつけられた。さらに一般相対性理論により、時間と空間は物質の質量（重力）により影響を受ける存在となった。しかし、日常生活では時間は時計で測定され、空間の距離は物差しで測定されるため、時空を測定するというイメージは一般人には理解しにくいだろう。

量子力学は相対性理論の枠の中に入っていない。ディラック方程式は、量子力学と特殊相対性理論を結びつけるものであり、相対論的量子論から場の量子論として電磁場の量子化に成功を収めたといえる。これに対して重力場を扱う一般相対性理論と量子力学とを統一しようという試みは成功していない。このためか量子力学を主体とする重力理論では、時空と称して実は空間のみのことではないのかと思われるような記述も散見される。極端な例として、カルロ・ロヴェッリは、ループ量子重力理論に基づいて、そもそも時間は存在せず、時間の流れをつくり出しているのは私たち人間であると主張している。また、素粒子論でも時間と空間は別々に論じられ、空間には電磁場や重力場以外にもヒッグス場などいろいろな場が登場する。

このように、現代物理理論の中でも時間と空間についての考え方に違いがみられ、どれが正しい描写なのか理解しにくいところであり、統一した理論に基づく時空のイメージを示してほしいものである。

宇宙の外にも時空はあるのか？

現代物理理論は、宇宙の中と外についてあまり教えてくれない。実験結果が重んじられる現代科学において、宇宙に関しても観測できないことを論じることは意味のないことなのかもしれない。しかし、万物理論を唱える限りは、実験や観測による裏付けを期待できないことも多くあるはずで、万人が納得できるような筋の通った理論を探すことは無意味なことではないと考えている。一般的に、時空は宇宙そのものと考えられており、宇宙の外には時空は無いはずである。しかしホーキングは、宇宙には境界も縁もないという、無境界境界条件を仮定して宇宙創生を論じている。宇宙が始まる前を虚数時間にすることにより特異点から宇宙が始まることはなくなるらしいが、インフレーションを起こす前の超ミニ宇宙をイメージするとき、誰も皆、無意識に宇宙を外から眺めているのではないのか？　ビッグバンについても、火の玉宇宙を眺めているのは宇宙の外からのイメージであるはずだ。これは神の視点であり、人間の視点で実際に宇宙を外から眺めることは不可能である。しかし、見えないはずの光をイメージしたように、万物理論を論じるには神の視点で万物を見ることが必要なのではないかと私は考えている。つまり、人間が定義する時空を神の視点で見れば、宇宙の外には時空は無く宇宙の中にのみ時空はあるということになる。そのため、宇宙の中には光子を含むミクロ粒子の密度の低い空間はあっても、何も無い空間は存在しないということになる。

それでは、宇宙が始まるときに宇宙の外にある何も無い空間はどう考えればいいのか？

これこそ、ニュートンが考えた絶対空間の世界であると私は考えている。宇宙がどれほど大きく拡がろうと、その外には必ずある無限の広さを持つ空間であり、宇宙の内部でも物質により影響されることのない空間である。そして、宇宙の始まりとともに、宇宙の中でも外でも、宇宙のどんなところでも同じように流れているのが、ニュートンの絶対時間の世界である。つまり、神の視点で宇宙を眺めた時に測定される時間と空間が、ニュートンの絶対時間、絶対空間の世界なのだ。そして、アインシュタインの特殊相対性理論による相対的な時間と空間（時空）の世界は、あくまでも宇宙の内部を人間の視点で眺めた世界であり、一般相対性理論による歪んだ時空の世界も同様である。そのため、アインシュタインの理論のみで宇宙の誕生を語れないのは当然の帰結といえる。
現代物理理論の世界で、時間と空間に対する記述がまちまちなのは、こうした時間と空間の概念が、物理学者の間でも完全に統一されていないためではないかと考えられる。

電磁気力を伝える時空と重力を伝える時空は違うものなのか？

光は電磁波の一種であるが、粒子としての性質もあり、エーテルのような媒質を必要としないことがアインシュタインにより指摘された。しかし、アインシュタインは重力を扱う一般相対性理論で、時空に何か歪むようなものの存在を示唆し、その歪みが波となって伝わるという重力波を予言した。波が伝わるためには媒質が必要であることは電磁波についても論じられ、電磁波に関しては粒子としての性質により媒質は不要とされた。これは、マイケルソンとモーリーの実験結果とも合致するものである。しかし、重力波が検出されたという観測結果を信じるなら、やはり何らかの媒質を想定しなければならないのではないのか？　残念ながら現代物理理論では、時空が歪んだり重力波が伝わることを当たり前のように論じているだけで、時空がどのようなものであれば、それが実現されるのかという説明はなされていない。

アインシュタインは、相対性理論で成功を収めたのち、重力と電磁気力を統一することに残りの人生を費やしたが成功しなかった。現代物理学の万物理論では、核力の強い力と弱い力も加えた4つの力の統一を目指しているが成功していない。それどころか素粒子の標準理論では、それぞれに別々の時空（場）が想定され、それぞれの力を媒介する別々の粒子も想定されている。おまけに弱い力を媒介する粒子に質量を与えるためのヒッグス場、ヒッグス粒子まで想定されている。

原子核の中については不明な点も多いかもしれないが、少なくとも電磁気力と重力は到達距離が無限大とされ、電磁場と重力場は広く宇宙空間に拡がっているはずである。これらは別々の時空でなければならないのか？重力波を伝える時空も含めて納得のいく説明がほしいものである。

真空（時空？）の相転移とはどのようなものなのか？

素粒子論によると、もともと統一されていた4つの力が、真空の相転移によりそれぞれの力に枝分かれしていったと考えられている。この場合の真空とはヒッグス場のことらしいが、これはアインシュタインの考える時空でもなければ、ニュートンの考える絶対空間でもない。素粒子論独自の、点状のヒッグス粒子が埋め尽くされた空間である。相転移とは、水蒸気が水になったり、水が氷になったりするような、一変する状態変化であると説明されているが、ヒッグス場がどのように状態変化するのかについてイメージできるように説明されてはいない。

物質の状態変化の場合、固体は分子同士がお互いに引き合って、強く結びついている状態、気体は分子同士が離れていて、お互いに引き合う力が弱く、勝手に動き回っている状態、液体はその中間で、分子はある程度自由に動き回れるが、お互いに引き合う力は及び、振動している状態とされている。温度が高いほど分子のエネルギーが高まり、固体から液体、液体から気体へと状態変化するわけである。

これを素粒子論の真空に当てはめて考えるとすると、ヒッグス粒子を物質の分子のように考えるということなのだろうか？　宇宙のエネルギー（温度）が高いころ、気体のように振る舞っていたヒッグス粒子が、エネルギー（温度）が下がるにつれて液体から固体のような状態になっているということなのか？　いくら温度が低いからといって、固体のような空間では窮屈で万物は身動きとれないような気がするのだが・・・。真空の相転移という言葉も当たり前のように使われているが、その実体はどのようなものなのか納得のいく説明がほしいものである。

RM 理論による解釈

時空のイメージ

RM 理論では、アインシュタインの特殊相対性理論に基づき、宇宙内部の時間と空間は時空として扱う。光速度不変の原理により、時間は振動数の決まった光子の回転数により決まり、空間の大きさはその時間に光子が進む距離により決められることになった。つまり、時間と空間は時空として同時に測定され、その物差しが光となったということである。このように時空は光なくしては規定できなくなってしまったことから、RM理論では時空の粒子の主たるものは光子（プラマイ粒子）であると考える。ヒッグス粒子のように空間を埋め尽くすようには存在せず、自由に動き回ることができる存在である。この光子（プラマイ粒子）については前の第1章で説明した通りであり、宇宙内部の空間に存在するだけでなく万物の基本粒子となる。そのため、光速度で動いているものは光子（電磁波の粒子）と呼ばれるが、物質と相互作用するものや、電磁気力や重力に取り込まれたものはプラマイ粒子と呼ぶべきであろう。取り込まれたといっても完全にくっついているものだけではない。プラマイ粒子はプラス粒子とマイナス粒子がペアになったものなので、回転することにより引力と斥力の両方を受けることになり、時空に存在する時空粒子となることができるのである。プラマイ粒子はヒッグス粒子のように時空に密に存在するわけではなく、低速度で運動する物体に対してそれほどの抵抗にはならない。しかし、光速に近い速度で運動する物体には大きな抵抗となり、質量の増加とともに、光速度を越える運動が不可能という結果となるのである。これは、プラマイ粒子（光子）が宇宙内で最も動きやすい存在であり、その最高速度が光速であるためである。ただし、時空に存在する粒子はプラマイ粒子だけではなく、プラマイ粒子が組み合わさってできたさまざまなミクロ粒子や物質粒子、ブラックホールなども存在するものと考えられる。つまり、宇宙の内部である限り、人間が感知できなくても何も無い空間は無いといえる。膨張して密度が低くなったとはいえ、何らかのものは存在するということである。逆を言えば、何も無い空間が広がるのは宇宙の外ということになる。

宇宙（時空）の始まりに関しては、宇宙を外から眺めるような神の視点が必要になる。何も無い空間に宇宙の種（卵）が存在する状態をイメージするわけである。宇宙論のところでも論じるつもりであるが、RM理論では、プラマイ粒子が最も密に集まった状態であるブラックホールから宇宙が始まったと規定する。プラマイ粒子は万物の材料であるから、この時すでに宇宙全体に存在することになる物質や時空にある粒子が超々巨大ブラックホールの状態で集まっていたと考える。これにより、質量・エネルギーの保存則や電荷の保存則は守られるというわけである。超々巨大ブラックホールといえども内部に空間と呼べるすき間はほとんどないので、特異点のように小さくはないが、それほど大きなものではないはずだ。プラマイ粒子の回転がないことから時間も止まっている状態である。プラマイ粒子が密に集まったブラックホールは、引力と斥力を内在しているので安定であるとはいえない。微妙なバランスがくずれると分裂や爆発を起こす可能性があるものと考えられる。しかし、それにはかなり大きなエネルギーによる衝撃が必要と考えられ、別の超々巨大ブラックホールとの衝突が原因であるかもしれない。それはともかく、この超々巨大ブラックホールの内部の空間が拡大し、プラマイ粒子の回転が始まったときが、RM 理論における宇宙（時空）の始まりである。

現代物理理論における真空の相転移について詳しい説明が描かれていないので、私には正しくイメージできないが、RM 理論ではプラマイ粒子を物質の分子と同様にイメージすることができる。すなわち、超々巨大ブラックホールの状態が物質の固体の状態に似ていて、プラマイ粒子が強く結びついた状態である。そう考えると、現在の宇宙は時空の粒子（プラマイ粒子）が自由に動き回っている状態で、温度は低いとはいえむしろ気体の状態なのではないかと思えるのだ。ただ、重力の振動（重力波）が波として時空を伝わるというのなら、時空の粒子はお互いに力を及ぼし合える液体の状態というべきなのかもしれない。電磁波が伝わる時空と重力波が伝わる時空は同じ時空であるというのがRM 理論による解釈なので、重力波とはいったい何が伝わっているものなのかということがはっきりしない限り答えを出すのは難しいだろう。例えば、プラマイ粒子が何個か集まった複合粒子を想定し、これが波のように振動しながら伝わるのが重力波だとするなら、気体状態の時空といってもいいかもしれない。しかし、重力を媒介する粒子がお互い力を及ぼし合えるくらいに宇宙空間を満たしていて、その振動の波だけが伝わっているものが重力波だとするなら、液体状態の時空といえるだろう。つまり、波が伝わる媒質のような時空ということになる。ただしこのような時空では、光子（プラマイ粒子）の走行にも影響を与えそうなので、重力が強く時空の粒子の密度が高い領域を除いて、気体状態の時空を私は考えたい。重力が強い領域の周辺では液体状態の歪んだ時空を、重力があまり及んでいないところでは、時空の粒子の密度が低い気体状態の平坦な時空を想定したいと考えている。

時空は物質ではないので、固体、液体、気体という表現は正しくないかもしれないが、物質の場合、これら状態の違いは物質の分子の密度の違いと解釈できる。そして、この密度の違いを生み出すのは個々の分子のエネルギーの強さの違いである。これに対して時空の場合も、個々の時空の粒子（プラマイ粒子）のエネルギーの違いにより、時空の密度、時空の状態が変わってくるものと理解できるのである。この考え方は、宇宙全体のエネルギーレベルから宇宙の始まりと進化を論じる量子論や素粒子論の考え方とは異なる。RM 理論による宇宙の始まりと進化については宇宙論のところでも論じるつもりである。

第3章　素粒子論

現代物理理論の疑問点

素粒子は大きさを持たない点状粒子なのか？

素粒子の標準理論では、宇宙の基本構成要素、あらゆる物質を形づくる基本粒子は、内部構造を備えていない点状粒子とされている。その根拠は特になく、かつて量子力学をつくり発展させた理論物理学者の代表たちが、点状粒子でない基本構成要素と量子論を矛盾なくまとめて理論構築することに失敗したためとされる。また、大きさを持たない点状の素粒子が、スピンという性質を持つというのは奇妙なことであるが、ディラックが相対論的電子論で、点状の粒子にスピンを与える方式を考え出したことから、素粒子を点状と見る立場が物理学を支配したという。点状の粒子であれば、対生成、対消滅という現象を説明するのにも都合がよいためでもあるのだ。

素粒子の理論に現れる無限大の問題は、素粒子を点状粒子としていることから生じている。数学的な問題は、くりこみ理論により見かけ上は解決しているのかもしれない。しかし、物理的イメージを重要と考える私には、大きさを持たない点状の素粒子が集まって物質粒子を形作るということが不思議に思える。また、点状の粒子がスピンという性質を持ち、その違いにより区別されていることにも違和感を覚える。

粒子と反粒子の対生成、対消滅とはどういう現象なのか？

ディラックによる量子力学と特殊相対性理論を結びつける方程式（電子の相対論的波動方程式、またはディラック方程式）から、粒子と反対の電荷を持つ反粒子が予言され、加速器により確認されている。私たちの世界は粒子が集まった物質でできており、反粒子が集まった反物質を見ることはないが、物質と反物質が衝突すると莫大なエネルギーを解放するという。また、真空は何も無い空間ではなく、粒子と反粒子がセットで対生成したり対消滅したりを繰り返している状態であるとされ、真空のゆらぎと呼ばれている。これらの粒子は、測定不可能なほど短時間に出現しては消滅する仮想粒子であり、粒子検出器で直接観測することはできないとされる。ただし、電子と陽電子の衝突で光子が生まれたり、光子と光子の衝突で電子と陽電子ができたりすることは加速器により確認されているという。現代物理理論では、それぞれの粒子は質量、電荷、スピンなどの性質は異なるが、どれも大きさのない点状粒子とされており、それらの粒子が消えたり現れたりすることが当然のように論じられている。しかし、なぜそのような現象が起こるのか、粒子が消えるといっても単に感知できないだけではないのか、といった疑問に対して納得のいく説明はされていない。

素粒子の質量にはっきりしたパターンがないのはなぜか？

マクロの世界では、重力質量と慣性質量とは等価であることが確認されており、質量は数学的にも加減（足し算引き算）ができる量である。マクロの物質がミクロの粒子（素粒子）の集合体であるなら、ミクロの粒子の質量も加減できる量のはずであるが、実際にはそうではないらしい。加速器実験で、大きなエネルギーを持った陽子を2個衝突させると、3個の陽子を含むそれ以上の粒子に成ることが多く、このような過程で多くの新粒子が発見されたが、標準的な実験では、出てくる粒子の総重量は衝突前の総重量よりも大きいという。この場合、$E = mc^2$ からエネルギーが質量に変換されたと考えれば説明できるかもしれない。しかし素粒子論では、陽子や中性子の構成要素は、全く質量を持たないグルーオンと、ほとんど質量を持たないクォーク（陽子の1%程度）であるとされている。量子色力学（QCD）の方程式は、陽子と中性子の質量を、それ自体ほとんど質量を持たないクォークとグルーオンから計算して、質量なしに生まれる質量を解として出してくれるという。質量の大部分は、クォークを結びつけているエネルギーだというが、クォークやグルーオンが本当に存在するのかどうかの確証が得られていないので、質量がどこから生まれているのかは釈然としない。素粒子の標準理論では、ヒッグス粒子によって質量が生じるという質量獲得のしくみ、ヒッグス機構が提唱されているが、質量の起源を説明したり、さまざまな粒子の質量がどうしてそのような値になっているかを説明したりはできない。本来、質量は素粒子を特定するための性質として利用されており、その粒子に内在する特性と考えるべきではないのか。点状で質量ゼロの素粒子が真空にびっしり詰まったヒッグス粒子による抵抗で質量を得るだとか、粒子により抵抗の受け方が異なるために質量に違いが生じるだとか、光子はヒッグス粒子の抵抗を受けないため質量がゼロであるとかいうのは、私には合理的な考え方とは思えない。

素粒子はなぜ多くの種類があるのか？

物質を構成する基本的な単位が原子であることは疑いがない。そして、原子は原子核と電子による構造を持ち、原子核は陽子と中性子が集まってできていることも明らかである。これらの粒子が素粒子であったなら、万人が理解できる単純明快な素粒子論が完成していたことだろう。しかし、宇宙線の観測や加速器による実験から多くの粒子が発見され、何が真の素粒子なのかわからない状態となった。クォーク理論により、ハドロン（バリオンとメソン）がクォークにより構成されるという説明がなされているが、宇宙線や巨大加速器による実験でも単独のクォークは発見できていない。グルーオンにより結合されたクォークは永久に閉じ込められているため観測されないという説が支持されているというが、単独で取り出せない粒子を素粒子とするのは説得力に欠ける気がする。新しい粒子や現象が発見されるたびに、クォークの種類が増えて理論が複雑になっていった経緯からも、クォークは観測や実験結果を説明するために仮定されたものであり、実在は疑わしいと思われる。さらに、クォークとレプトンは3つの世代に分類されているが、現在の宇宙にある物質をつくっているのは全て第1世代のフェルミオンであり、その他の世代の粒子の存在意義について説明されていないのも気になるところである。

自然界にある4つの力は統一できるのか？

自然界には、私たちが日常で実感できる電磁気力と重力の他に、原子核内で働く強い力と弱い力があるとされ、これら4つの力を統一することが万物理論の目標の1つとされる。素粒子の標準理論では、宇宙誕生後もともと1つに統一されていた力が、真空の相転移が起こるたびに、重力、強い力、弱い力と電磁気力が枝分かれしていったと説明されている。標準理論では電磁気力と弱い力の統一には成功しているが、強い力を含めた大統一理論は不完全であるとされ、重力はまだ含まれていない。アインシュタインは、重力場と電磁場の類似性から両者が関係していると確信し、重力と電磁気力を統一することに人生を費やしたが成功しなかった。アインシュタインが統一理論を研究していた頃にはまだ、強い力と弱い力の存在が知られていなかったことや、数学的手法にとらわれて物理的イメージを軽視したことを失敗の原因にあげる人もいる。しかし、重力は電磁気力の10^{36}分の1の強さしかなく、重力には引力しかないのに対し、電磁気力には引力と斥力の両方があるなど、両者の性質の違いは大きい。

素粒子の標準理論では、自然界にある4つの力は力を担う粒子を交換することによって生じるとされる。電磁気力は光子、強い力はグルーオン、弱い力はＷボソンとＺボソン、重力はグラビトンを交換しているらしいが、なぜそうなのかは不明である。グラビトンに関してはそれが存在するという確かな証拠は何も無い。マクロの物体は接触しないと力が伝わらないように見えるかもしれないが、ミクロのレベルで見ると離れた状態で力は作用し合っているはずである。

なぜ、粒子を交換しないと力が伝わらないのか？

何光年も離れた天体同士で、どれだけのグラビトンを交換したら重力を保てるのか？

電磁気力が引力と斥力の両方が有るのに対し、強い力は引力、弱い力は斥力が主で、重力は引力のみとされているが、これらを標準理論で統一することはできるのか？

もともと1つの力であったものが真空の相転移により4つの力に分かれたという理論で、本当に力を統一したことになるのかどうか、私には疑問に思える。

超対称性粒子は存在するのか？

物質をつくる粒子（フェルミオン）と力を伝える粒子（ボソン）との統一を目指す理論として、超対称性理論がある。素粒子の標準理論だけでなく、万物理論の候補とされる超ひも理論でも超対称性という考え方を基本にしている。超対称性理論では、電荷や質量が同じでスピンが1/2だけずれたフェルミオンとボソンのペアが、スーパーパートナーとして存在するとされている。例えば、電子には超電子という力を伝える粒子が、光子には超光子という物質をつくる粒子が存在すると考えられているのだ。つまり、現在知られている、または仮定されている粒子には、それぞれペアとなる超対称性粒子が存在するというのである。なぜそれらが存在するのかという理由や説明はなく、存在するという根拠にも乏しい。数学的な性質の美しさから超対称性理論は捨てがたい理論であるとされ、それを信じる理論家たちにより探究されてきたらしいが、私には理論のための理論としか思えない。もし、超電子が発見されたとして、その粒子はいったいどこでどんな力を伝えるために存在するというのか。理論に合う条件の粒子を探し出して、その粒子を発見したと主張しても、その粒子が理論に合う機能を果たしているという確証を得たことにはならないのではないのか。実際、超対称性粒子は発見されておらず、超対称性理論が正しいという根拠は得られていない。実験的に確認できていなくても、理論的に納得のいく説明があり、物理的イメージで表すことができる理論であれば、私は支持する立場をとることができるかもしれない。しかし、私にはスピンが半整数の粒子というものがイメージできないので、スピンが1/2だけずれたボソンとフェルミオンのペアが存在すると言われても、それが正しいのかどうかを判断することができない。また、そうした超対称性粒子が存在しなければならないという必然性が理解できないので、残念ながら超対称性理論にあまり多くを期待する気にはなれない。

RM理論による解釈

素粒子のイメージ

RM理論では、全ての粒子のもとになるのは、プラスの電荷を持つ粒子（プラス粒子）とマイナスの電荷を持つ粒子（マイナス粒子）の2種類の素粒子だけであると規定する。そして、素粒子は大きさのない点状粒子ではなく球状粒子であり、その大きさはプランク長さ（10^{-33}cm）程度であると仮定する。同種の電荷同士は反発し、異種の電荷は引き合うという性質は周知の通りである。プラス粒子とマイナス粒子が引き合う力は強く、裸のままで存在することはできない。このため、お互いがペアになった粒子（プラマイ粒子）を形成する。これが宇宙で最も基本となる粒子で、回転してエネルギーを持って運動しているものが光の粒子である。おそらくこの粒子が宇宙で最も多く存在するものと推定される。このため、素粒子の標準理論で素粒子とされている粒子は全て、真の素粒子が集まった複合粒子であると考えられる。

RM理論では、マイナス粒子にプラマイ粒子がくっついたものが、電子のようなマイナスの電荷を持つミクロ粒子であり、プラス粒子にプラマイ粒子がくっついたものが、陽電子のようなプラスの電荷を持つミクロ粒子であると規定する。これにより、電子と陽電子が対消滅して光子が生まれたり、光子と光子の衝突で電子と陽電子が生まれたりする現象が説明できる。しかし、いったい何個くらいのプラマイ粒子がどのようにくっついたものが、実際の電子や陽電子として私たち人間に感知されるものなのかについては私にもわからない。私たち人間がミクロ粒子として認識できるものは、相当数のプラマイ粒子がくっついたものであると考えられ、その数が違ったとしても、性質が同じなら同じ粒子と認識されるだろう。ニュートリノに関して言えば、最も単純な構造として、プラス粒子とマイナス粒子がそれぞれ隣り合わせに8個（プラマイ粒子でいえば4個）で立方体をつくったようなものを私はイメージしている。なぜなら、この構造のものは電気的に中性であるだけでなく、他の物質と反応しにくいのではないかと考えられるからである。しかし、ニュートリノ振動が確認されるような質量のあるニュートリノは、もっと大きな構造を持つと推定される。ただ、人間が同じニュートリノと判断していても、感知できないレベルの違いはあるはずで、それを確定するのは難しいのではないかと私は考えている。陽子や中性子は、マクロの物質をつくるもとになる粒子であるが、現代の素粒子論でも素粒子ではなく複合粒子であると考えられている。しかし、これらの粒子が3つのクォークでできているという理論には確証がない。RM理論では、陽子はプラス粒子と多数のプラマイ粒子、中性子は多数のプラマイ粒子が集まって形成されているものと規定されるが、その質量に合うプラマイ粒子の数や、安定な構造がどのようなものであるかは規定できない。加速器による衝突実験から再現性のあるデータがどの程度得られているのかがわからないため、はっきりしたことが言えないのである。ただ、衝突実験で単独のクォークが取り出せず、寿命の短い不安定な粒子が多く発見されているという事実や、中性子がβ崩壊により陽子に変わるという事実は、クォーク理論よりもRM理論を支持するものであると考えられる。

RM理論では、プラマイ粒子の結合の仕方により様々な構造のミクロ粒子をつくることができる。最も単純な構造は、プラマイ粒子が1列に連なったひも状の構造である。ひも状の粒子は、ひも理論のひものように結合したり分かれたりするような反応が起こる可能性がある。また、マイナス粒子にプラマイ粒子がひも状に連なったミクロ粒子は、それ自体で電子と判定されるかもしれないが、そのひもが片方の端の近くで切れたとすると、その切れた端の粒子が電子となる。そして、その電子がまたくっついて、今度は逆の端の近くで切れたとすると、その逆の端の粒子が電子ということになる。つまり、これは電子が瞬間移動したことと同じような現象であると私たち人間にはとらえられる可能性があるということである。これこそ量子テレポーテーションの原理といえないだろうか。現代物理理論では十分説明がなされていない、粒子の瞬間移動や2粒子間の瞬時の情報交換など、量子もつれのような不可思議な現象は、時空に存在するプラマイ粒子とミクロ粒子との結合、分離を含む相互作用により説明できるのではないかと私は考えている。

ひも状に連なったプラマイ粒子の端と端がくっついて、輪（リング状）になった粒子も考えられる。ひも理論では、重力子以外のボース粒子は開いたひもで、重力子は閉じたひもであるという。なぜそうなのか私にはわからないが、リング状の重力子が時空に多く存在し重力を媒介していると考えると、潮汐力が働いているように時空の歪みが重力波として伝わっていく様子がイメージできるかもしれない。また、こうしたリング状の粒子を人間が探知することも、加速器で作り出すことも困難であると考えられるので、発見できないことは不思議ではないかもしれない。しかし、これらは推論であって根拠を示すことはできないので、これ以上論じるのは控えさせていただく。RM理論では、リング状の粒子も存在可能ということくらいはいえるということである。

プラマイ粒子が横に連なったひも状の粒子や、二重のリングになった粒子も考えられる。リングの大きさもいろいろつくることができ、さらに遺伝子でみられるような二重らせん構造、M理論が示す膜状の構造、立方体のような立体構造もつくることができる。プラマイ粒子がつまったものばかりではなく、中心にプラス粒子やマイナス粒子があり、その上下左右前後にプラマイ粒子がくっついたものも考えられる。また、中身はなく枠の部分だけがプラマイ粒子でできた、正四面体、正六面体、正八面体、正十二面体、正二十面体のような正多面体や、それらを積み重ねたり組み合わせたりした立体構造もつくることができる。しかし、マクロの物質をつくるためのもとになる安定なミクロ粒子が、どんな構造であるべきかについて私は見解を持たない。現代の素粒子論は、素粒子を点状の粒子と考えており、それらを組み合わせて構造物をつくることに関して考察がなされていない。加速器実験もそういう観点でデータを収集したり解析したりはされていないだろう。コンピューターシミュレーションも加えた解析に期待したい。

質量のイメージ

RM理論では、質量は数学的に加減（足し算引き算）ができる量であるとして、ミクロの粒子の静止質量の総和がマクロの物質の質量を形成するものと規定する。現代物理理論では、光子はエネルギーを持つが質量はゼロであるとされている。水の中で水分子の質量を測定することが困難なように、宇宙内の時空の中で光子の質量を測定することはできないかもしれない。しかし、万物理論を考える時、宇宙の外に有るはずの真の無の空間に対する光子（プラマイ粒子）の質量を規定する必要がある。すなわち、プラス粒子とマイナス粒子の質量を足したものがプラマイ粒子の質量であり、これらが集まった数の質量を合計したものが、ミクロの粒子の質量とするのである。そして、そのミクロの粒子が組み合わさってできたマクロの物質の質量は、ミクロの粒子の質量の総和となるわけである。

ここで、アインシュタインの式から光子（プラマイ粒子）の静止質量の近似値を規定してみたいと思う。

アインシュタインの光量子論では、振動数νの光はエネルギー$h\nu$を持つ光の粒（光子）であるとされている。

$E = h\nu$　（h：プランク定数）

また、アインシュタインの特殊相対性理論では、質量とエネルギーの間に、次の関係式が成り立つことが示されている。

$E = mc^2$

（E：物質が持つエネルギー、m：物質の静止質量、c：光速度）

このことから、光子の質量とエネルギーの間には、
$mc^2 = h\nu$　の関係が成り立つ。そして、この式を変形すると、
$m = h\nu / c^2$　という式が得られる。
本来、静止質量であるなら、$\nu = 0$ であるべきかもしれないが、これでは意味のない値（$m = 0$）となってしまうので、最も振動数の少ない状態を想定して、$\nu = 1$ を代入すると、
$m = h / c^2$　という値が得られるのだ。

この値は非常に小さい値ではあるが、ゼロではないため、たくさん集まればミクロ粒子の質量を規定することができるのである。ただしこれは理論的な話であって実際にミクロ粒子の質量を測定して証明できるようなことではない。なぜなら、ミクロの粒子には重力が働くほどの大きな質量はなく、重力質量を測定することができないからである。このため慣性質量が測定されているが、マクロの世界では確認されている重力質量と慣性質量の等価性が、ミクロの粒子には当てはまらないのではないかと私は考えている。素粒子の標準理論で、素粒子（ミクロ粒子）に抵抗となり質量を与えるとされるのはヒッグス粒子であるが、RM理論ではプラマイ粒子である。ミクロ粒子を動かす時の力も、ミクロ粒子が動いた時に抵抗となる力も電磁気力であり、同じ重力質量（プラマイ粒子の数が同じ）であったとしても、電磁気力を受けやすい構造であるかどうか、またその体積の大きさなどにより、慣性質量が違ってくるのではないかと考えられるからである。これに加え、ミクロの粒子の質量に一貫性がないのは、プラマイ粒子がくっついたり離れたりするのにも一貫性がなく、これを予測するのも観測するのも難しいためではないかと考えられる。

力の理論

自然界にあるとされる4つの力は、もともと同じ力の現れ方を人間が別々なものと解釈しているにすぎないのではないかと私は考えている。

RM理論では、自然界に存在する力は、プラス粒子とマイナス粒子との間に働く引力と、プラス粒子同士、マイナス粒子同士の間に働く斥力の2種類だけであると規定する。現代の素粒子論では、力は力を担う粒子を交換することによって生じるとされているが、RM理論では必ずしもその必要はない。RM理論での素粒子同士に働く引力と斥力は直接働き、結合したり分離したりすることができる。プラス粒子やマイナス粒子にプラマイ粒子が何個かくっついたミクロ粒子同士も直接反応することはできるが、離れている場合、その間に存在する時空の粒子であるプラマイ粒子により媒介されることも考えられる。RM理論では、この電磁気力以外の力は、複合粒子間に働く複合力であると解釈され、本質的には同じ力であり、引力と斥力とのバランスにより違う力のように見えているにすぎないものと解釈される。

核力の1つである強い力は、プラスの電荷を持つ陽子同士がせまい原子核に存在するには、電磁気力よりも強い力で結びついているはずだという発想から、強い力という概念が生まれた。しかし、陽子であれ中性子であれ、プラスの電荷を持つ粒子とマイナスの電荷を持つ粒子の複合粒子であると考えるなら、特別に強い力を持ち出す必要性はなく、せまい原子核に閉じ込めておくことは可能である。

弱い力は、原子核にベータ崩壊が起こる時に働く力であるとされ、この時、中性子が電子と反電子ニュートリノを放出して陽子に変わるとされる。RM理論では、ミクロの粒子は引力と斥力を内在しており、弱い力を想定しなくても、不安定な複合粒子は弱い結合部分が切り離されて他の粒子に変化することが可能である。弱い力（弱い相互作用）は保存則や対称性が破れて観測されることも多く、統一的な予測を行なうことが困難であるという事実は、弱い力を想定することよりもRM理論を支持しているのではないかと考えられる。

重力は、ニュートンにより発見された、質量を持つ物質の間に働く力とされ、引力としてのみ作用するため万有引力とも呼ばれている。また、アインシュタインの一般相対性理論では、重力を幾何学的な時空の歪みとして表現されている。重力は他の力に比べて極端に弱く、現代の素粒子論では統一できていない。誰もミクロの粒子の間に重力が働いているかどうかを確認できていないはずであるが、質量のある物質は全て重力子（グラビトン）を介して重力が働いていることになっている。しかし、グラビトンはまだ発見されておらず、現代物理理論は、なぜ質量が重力を生み出すのかという疑問には答えてくれない。RM理論では、ミクロの粒子もマクロの物質も同じ力が働いているものと規定し、マクロの物質の間で働く重力は、ミクロの粒子の間で働く電気力の複合力であると解釈する。このため重力は引力と斥力の両方を有し、時空の粒子（プラマイ粒子）に対して力を及ぼしているものと考えられる。引力と斥力が同時に働く時、勝つのは引力である。磁石を近づけると、回転してでも引っ付いてしまうことからイメージできるだろう。電気力に関するクーロンの法則と、ニュートンの万有引力の法則との類似性はよく知られた事実であり、どちらも力の大きさが物体間の距離の2乗に反比例する逆2乗の法則が成り立つ。しかし、重力は電磁気力の10^{36}分の1と極端に弱く、この力の大きさの違いがどこからくるのかの説明が必要である。重力は質量の大きさに比例して大きくなるとされているが、RM理論では質量はプラマイ粒子の数に比例して大きくなると規定している。このため、ミクロ粒子の間で働いている電気力は、引力と斥力の両方が働くため質量に反比例して小さくなると考えられる。ただしミクロ粒子では、その粒子の性質として、比電荷と呼ばれる量、単位質量あたりの電気量（その粒子の質量と電荷の比）は一定の値を示すことが知られている。つまり、ミクロ粒子の集合体であるマクロの物質は、電荷と質量がセットで増減するものと解釈できる。マクロの中性物体では電荷の合計はゼロとなるが、プラス電荷とマイナス電荷の各々の電荷の合計は、質量が増加するほど大きくなっている。わたしたちが重力と呼んでいる引力は、この各々のプラス電荷とマイナス電荷が時空のプラマイ粒子を引きつけることによって起こるものと考えられる。このためマクロの世界では、重力は質量の大きさに比例して大きくなり、天体のように大きな質量を持つ物体になると、人間が重力として認識するようになると解釈できるのだ。こう考えると、質量に比例して大きくなる重力も、質量が生み出しているのではなく、電荷が生み出しているものであることが理解できるだろう。

第４章　宇宙論

現代物理理論の疑問点

宇宙は何もない無の状態から現れたのか？

現代物理の宇宙論では、時間も空間も物質もない無の状態から、量子力学のトンネル効果によって、突然宇宙が現れたというシナリオが有力視されている。何も無いところから粒子が現れるという量子論の考え方の拡張かもしれないが、無から宇宙まで誕生させるということが許されるなら、真実に対する探究心は必要ないだろう。無から有が生じることが可能だということは、観測結果から得た結論だと主張する人もいるが、それは観測結果に対する解釈の誤りであろうと私は考えている。量子論が描くゆらいでいる空間は、何も無い空間ではなく人間の感知できない粒子が存在する空間であり、その粒子から人間が感知できる粒子がつくられたり壊れたりしている状態である。無から有が生じているわけではない。こう考えるなら、私たちが日常で経験する世界とも矛盾がない。しかし、宇宙が何もないところから現れるとするなら、マジックの世界を現実に体験することのほうが起こりやすいような気がする。物理学が絶対的な真実として築きあげてきた質量・エネルギーの保存則や電荷の保存則は、人間が感知できなくても宇宙の始まりから成り立っていたと考えるべきではないのか。現在の宇宙にあるものは、形を変えたにせよ宇宙の始まりの時からあったはずで、無から生じたわけではないと私は考えている。もし、ある場所に宇宙の卵らしきものが現れ、それが成長して現在の宇宙のように進化したというなら、その材料は宇宙の卵の中に既にあったと考えるべきである。そうでなければ、宇宙の外から材料を集めるしかないが、その材料があるなら宇宙の外とは言えず、何も無い所から宇宙が誕生したとは言えないはずである。

量子重力理論は完成するのか？

アインシュタインの一般相対性理論ができてから、時空そのものを科学的対象にすることが可能になった。一般相対性理論の方程式（重力場の方程式）は、物質の質量による時空の曲がり具合を表した方程式である。アインシュタインは、この方程式を宇宙全体に当てはめることにより宇宙モデルをつくろうとした。これ以後、宇宙論は一般相対性理論をもとに展開されているが、この理論では宇宙の始まりについて論じることができない。なぜなら、一般相対性理論を含む既知の科学法則が破綻してしまう特異点が生じるためである。宇宙の始まりやブラックホールの中心などを論じるには、量子力学を考慮に入れる必要があるとされる。つまり、重力についての量子論である量子重力理論が必要とされているのであるが理論の構築は成功していない。素粒子論のところでも述べたように、私は、ミクロの粒子の世界で重力が本当に働いているのかという疑問を持っており、ミクロの世界に重力理論を持ち込むこと自体が無理なのではないかと考えている。重力そのものが電気力の引力と斥力の複合力であると考えられるので、量子力学が扱っている粒子がどのくらいどのような形で集まれば、重力理論で扱えるほどの大きさや性質になるのかと考えていくほうが、統一理論への近道になるのではないだろうか。

宇宙に中心はないのか？

アインシュタインは、一般相対性理論の方程式（重力場の方程式）を使って宇宙モデルをつくろうとした時、大きなスケールで見た場合、宇宙が一様であること、そして、宇宙には特別な方向もないということの2つを仮定した。現代宇宙論は、この2つの仮定を宇宙原理と呼び、宇宙全体を考えるときの大前提にしている。これは、宇宙には中心が無くどの点も中心に成り得ることを意味する。地球からの天文学的観測から宇宙の一様性が支持され、地球は宇宙の中で特別な場所ではないだろうという推測から、宇宙原理に疑いを持つ人はほとんどいない。しかし、これは本当に真実と言えるのだろうか？　どこまでいっても宇宙の中心がない無限の宇宙が正しい宇宙のイメージであるといえるのだろうか？　この宇宙のイメージは、アインシュタインが宇宙モデルをつくろうとしていた時に信じていた、静的な宇宙のイメージに近いのではないかと私には思えるのだが・・・。理論物理学者が宇宙の始まりを論じるとき、無意識に（かまたは意識的に）、宇宙を宇宙の外から眺めている。宇宙論を含む万物理論を論じる時、人間では感知できないものを見るという神の視点が重要になる。宇宙の始まりの時には宇宙に中心があり、ある程度膨張した宇宙にも中心に近いところと外側に近いところがあるということがイメージできるはずである。現代宇宙論では、宇宙が膨張する様子は、風船を膨らませたときの表面の広がりに喩えられる。しかし、3次元空間の膨張をイメージするなら、風船の中身の膨張も考える必要があるのではないかと私は考える。宇宙の外側に近いところは中心に近いところに比べて、膨張速度は速く物質密度が低い可能性がある。もちろん、光粒子の密度も低く、まだ光粒子が到達していない領域が宇宙の外ということになる。現代宇宙論が唱えるように、何も無いところにできた時空の泡が、真空のエネルギーによる斥力で急激に膨張したとすると、それを引き止めることはできず、その中に銀河や星はおろか物質粒子すら出現させることはできないだろう。時空に斥力と引力の両方が働いているため、宇宙が離反してしまわずに宇宙の内部に大規模構造をつくることができたのだと考えられる。宇宙に中心があるかどうかはわからないが、宇宙に始まりがあり膨張してきたという歴史があるのなら、宇宙の中心に近いところと外側に近いところが存在すると考えることは自然なことのように思われる。ただし、それを地球から観測できるほど宇宙は小さくはないだろうから、観測により宇宙原理を否定することはできない。しかし、宇宙原理を宇宙全体に適応できるかどうかについては疑問が残る。

ダークマターとダークエネルギーはどのようなものなのか？

銀河の回転速度の観測から、銀河内に光っている物質の少なくとも10倍の質量の存在が必要とされ、暗黒物質（ダークマター）と呼ばれている。さらに銀河内だけではなく、銀河群や銀河団という大規模構造を維持する上でもダークマターの存在が必要であることが指摘されている。しかし、ダークマターがどのようなものであるかについてはわかっていない。以前は、ニュートリノが有力候補と考えられていたが、質量が小さすぎることから否定されている。超対称性粒子がその候補として期待されているが、その存在は確認されておらず、超対称性理論そのものについても正しい理論であるかどうかの確証はない。普通の物質を材料としてつくられた星やその星が重力崩壊してできたブラックホールなどは、元素合成理論による計算からダークマターの候補にはなれない。これに対し、元素ができる前につくられた原初ブラックホールならダークマターの候補になれるという。理論的には、原初ブラックホールは一般のブラックホールに比べて軽量で、ホーキング放射により蒸発する可能性が指摘されている。このブラックホールについても観測による確認はされていないが、ダークマターの候補としてこの原初ブラックホールが有力であると私は考えている。現代物理理論では、原初ブラックホールは宇宙誕生初期の高温高圧の中でつくられたとされているが、私は、宇宙誕生前から存在するブラックホールが分裂したものが、宇宙空間に多数存在していると考えている。私のイメージする原初ブラックホールは、ホーキング放射により蒸発するだけでなく、ニュートリノに分裂する可能性も考えられる。質量の大きなニュートリノは、質量の小さなブラックホールであるというのが私の持つイメージである。

アインシュタインは、一般相対性理論の方程式（重力場の方程式）を宇宙に当てはめようとして、そのままでは物質の重力により宇宙が収縮してつぶれてしまうと考え、空間による斥力の項、宇宙項を加えた。アインシュタインは、引力と斥力の釣り合いを保ちたかったのであるが、実際の宇宙は膨張していることが発見された。しかも、最近の天文学的観測では、宇宙は加速度的に膨張しているとされ、空間に存在するエネルギーが斥力として働いていると考えられている。このエネルギーは、重力で凝集せず均一に分布しており、反重力を生むという性質を持つとされ、見えないエネルギーであることからダークエネルギーと呼ばれている。ダークエネルギーの第一候補として真空のエネルギーが考えられているが、それがどのようなものであるのかは不明のままである。数学的には、アインシュタインが導入した宇宙項（宇宙定数）と同じ意味を持つとされるが、宇宙定数による斥力は、定数として決まっているようなものではない。宇宙論は、アインシュタインの重力場の方程式をもとに展開されており、重力には引力しかないと信じられていることから、それに対抗する斥力は宇宙定数しか見当たらないというのが現代宇宙論の考え方である。電磁気力には引力と斥力の両方があり、重力も電磁気力の複合力であるとするなら、重力にも引力と斥力の両方が働くとすべきであるというのが私の考えである。反重力という斥力は、本来重力と釣り合うくらいの力である。しかし、実際は引力と斥力のどちらかが勝って物体は運動している。時空にも引力と斥力の両方が働いているが同じ状態を保ってはいられない。この引力と斥力のバランスはどうやって起こるのか？　一般相対性理論の説明で、質量が空間を曲げることが示されるが、さらに、$E = mc^2$から、エネルギーは質量に置き換えられるので、エネルギーも時空を曲げるというふうに論じられている。エネルギーと質量が同じものであるかのような表現もよく目にする。私は、質量が全てエネルギーに変換されると、$E = mc^2$のエネルギーが得られると解釈しているので、こうした表現に違和感を覚える。なぜなら、質量には重力（引力）が働くが、エネルギーには反重力（斥力）が働くというのが私の考えだからである。そして、質量がエネルギーに変わるとき、得られる斥力はもとの引力を上回る強さであろうと私は考えている。この関係をダークマターとダークエネルギーに当てはめるなら、ダークマターであるブラックホールから、放射の形だけではなく私たち人間に感知できない形（ダークエネルギー）として、時空にエネルギーを持つ粒子が放出されているとすれば、時空は膨張するのではないだろうか。ダークマターが自然に放射するのは時間がかかるかもしれないが、ダークマター同士の衝突や、何らかの高エネルギー粒子との衝突により、ダークマターからダークエネルギーが放出される可能性は有り得るのではないだろうか。

RM理論による解釈

宇宙の始まり

RM理論では、宇宙は超々巨大ブラックホールから誕生したと規定する。RM理論によるブラックホールは、プラス粒子とマイナス粒子が交互に、3次元（縦、横、高さ）方向に並んだ状態、つまりプラマイ粒子が3次元方向に並んだ状態としてイメージされる。そして、宇宙誕生前の超々巨大ブラックホールには、質量・エネルギーの保存則と電荷の保存則を満たす数のプラマイ粒子が存在していたと規定する。つまり、現在の宇宙に存在するものは全てかそれ以上が、ブラックホールとして集まっていたとするわけである。何も無い所から物質や光、電荷を持つ粒子が突然現れるようなことはない。時間はまだ始まっておらず、空間は粒子の間のわずかなすき間のみであるが、ブラックホールの無い所には宇宙の外というべき何も無い空間が広がっていた。このブラックホールは、最もエントロピーの低い状態であり、宇宙がエントロピーの低い状態から始まったとする現代物理理論の予想とも一致する。ただし現代物理理論では、ブラックホールの微視的属性は不明のまま、ブラックホールにはエントロピーが大量にあると解釈されており、エントロピーが高いと判断されている。それに対してRM理論では、ブラックホールはエントロピーは低いが、エントロピーが増大する要素は含まれていると解釈される。宇宙の卵である超々巨大ブラックホールは、引力と斥力を背中合わせに内在しているため、決して安定であるとはいえない。RM理論では、超々巨大ブラックホールに何らかの衝撃が加わり、ブラックホールが分裂と爆発を起こして、光子（プラマイ粒子）が動き出した時が、宇宙（時間と空間）の始まりであると規定する。

宇宙の進化

超々巨大ブラックホール内の粒子が運動を始めると、エネルギーが生まれ、内在する斥力が引力に勝ち、分裂と爆発が繰り返されて宇宙は急激に膨張することになる。宇宙はもともと大きさを持って始まっており、この膨張はインフレーション理論が示すほどのレベルではないかもしれないが、宇宙の外は真に無の空間であり、抵抗となるものが無いため、現在の宇宙内における光速度以上のスピードで膨張したであろうと推察される。ブラックホールがどのような壊れ方をするかは推測の域を出ないが、私は、全てが粉々になってプラマイ粒子に分裂したとは考えていない。銀河の中心にあるような超巨大ブラックホールやダークマターと成り得る原初ブラックホールなどは、最初から残っていたのではないかと考えている。宇宙の構造形成がかなり古い宇宙で始まったという観測結果も、この考えを支持するものである。宇宙の内部の空間も膨張していくが、これは光速度を越えることはできず、分裂や爆発がおさまってくると、引力が斥力に勝つようになり、ミクロ的には粒子の融合、マクロ的には銀河や星の形成が起こったのだろう。ただ、観測結果からは、銀河間の引力は膨張を抑えるほどには働いておらず膨張は続いているようである。しかし、これが宇宙全体に同じように起こっているかどうかについてははっきりしたことは言えない。宇宙誕生時に、ブラックホールの中心に近いところと外側に近いところとでは、その後の宇宙の進化に違いが生じる可能性が考えられるからである。もちろん、ブラックホールの分裂や爆発の仕方によっても、場所による違いは起こる可能性がある。宇宙原理が宇宙全体に成り立つような分裂や爆発の仕方は、むしろまれなのではないかと考えられる。分裂の仕方によっては、私たちの宇宙とは情報交換できないような彼方に別の宇宙が存在する可能性のほうが起こりそうな気もする。現代物理理論においても多宇宙の考え方があり、RM理論もこれを支持するものであるが、それぞれの宇宙が独自の科学法則を持っているというような考え方には賛成できない。多種多様な宇宙が存在するという発想は、無から宇宙が生まれたという発想と通じるものであり、何が生まれてもよいのなら統一理論など必要ないだろう。RM理論では、プラマイ粒子の集合体であるブラックホールから宇宙が誕生したと規定しており、別の宇宙に反粒子からできた反物質の世界が存在する可能性も十分あるということが理解できるはずである。しかし、これも観測により確認することはできない世界である。私たちの宇宙の周りに別の宇宙が存在するとすれば、私たちの宇宙が現在膨張しているとしても、無制限には膨張できないことになる。これは想像の世界になってしまうが、宇宙の中心に近いところで起こった膨張が、外側部により制限される可能性は十分考えられることである。70億年前に、宇宙の膨張が減速から加速に転じたと観測されているが、70億光年離れた宇宙の現在を観測しているわけではない。70億年前には太陽や地球も存在しなかったわけであり、その間に宇宙の内部は進化している。宇宙がどこも加速度的に膨張を現在まで続けていたら、大規模構造を形成することなど不可能なのではないかと考えられる。

宇宙の終末

現代物理理論では、真空のエネルギーは一定のままで宇宙は膨張を続け、輝く星もエネルギーを使い尽くして無くなり、暗黒の世界が訪れることを予測している。宇宙に存在する物質は、電磁波（光子）、ニュートリノ、電子、陽電子、そしてブラックホールだけになる。さらにそのブラックホールもやがて蒸発してしまい、再び無の世界になるかもしれないという。現代物理理論では、この無の世界からまた宇宙を誕生させることができるのかもしれないが、電子、陽電子、光子などが対生成、対消滅している空間は、明らかに無の世界ではないといえる。RM理論が宇宙の外と規定する空間が、真に何もない無の世界であり、量子論が真空のゆらぎと表現する世界は、宇宙内部の空間である。量子論に基づけば、ビッグバンは何度も起こり得るものであり、新たな宇宙が私たちの宇宙からいつでも生まれているかもしれないという。それはともかく、そのゆらいでいる無の空間から、特異点のような高温、高密度の世界が発生するようなことが起こり得るのか？　残念ながら、現代宇宙論が示す万物の墓場のような無の世界からは新たな宇宙は生まれないだろうというのが私の見解である。

私は、ダークエネルギー（真空のエネルギー）が宇宙を膨張させる斥力として作用し続けるとは考えていない。永遠に保たれるエネルギーなるものが、この宇宙内にあるとは考えられないからである。宇宙の最外側は抵抗がないため、膨張は続くかもしれないが、宇宙の内部の膨張には外側部の抵抗が働くと考えられる。そのため、宇宙を膨張させるエネルギーもいずれ低下してくると予想される。ダークエネルギーといえども、現代物理理論が示すような何も無い世界が持つエネルギーではなく、人間には感知できなくても、何らかの時空の粒子が持つエネルギーであると考えるべきであろう。エネルギーの低下した時空の粒子には、斥力よりも引力が強く働くようになり、ブラックホール（ダークマター）に取り込まれていくと考えられる。こうして、星由来のブラックホールも含めて、ブラックホールの増加と増大が起こるが、現代物理理論が示すようなブラックホールの蒸発よりも、ブラックホールの融合が優先して起こるのではないかと私は考えている。すなわち、ブラックホールの巨大化により、超巨大ブラックホール、超々巨大ブラックホールの形成が起こるというものであるが、これはかなりの希望的推測に基づくものであり根拠はない。この超々巨大ブラックホールから、また次の宇宙が誕生するという永遠の宇宙を描くシナリオにつなげたいという願望の現れである。それが真実であるかどうかはわからないが、そう信じたいと願うのは私だけではないだろう。しかし、こうしたRM理論による永遠の宇宙というシナリオでも、最初に存在した超々巨大ブラックホールや、その材料であるプラマイ粒子がなぜできたのか、という問いには答えることができない。ヴィレンキンやホーキングを含め理論物理学者の多くは、神の存在なしの宇宙誕生のシナリオを描くことが科学の使命であると考えているのかもしれない。しかし、宇宙論に限らず、人間が感知できない世界があることを認めることは、決して科学の敗北ではないと私は考えている。科学の基礎は実験による検証にあるべきであるが、これには限界があるだろうと思われるからである。

第5章　万物理論

現代物理理論の問題点とRM理論

万物理論であるためには、光電磁波理論、時間空間理論、素粒子論、力の統合理論、宇宙論を、同じ原理のもとで矛盾なく説明する理論であることが必要である。現代物理理論では、それぞれの分野においては、ある程度完成された理論が提示されている。光電磁波については、マクスウェルの電磁場理論とアインシュタインの光量子論、時間空間については、アインシュタインの特殊相対性理論（これはエネルギーと質量の統合理論でもある）と一般相対性理論、素粒子や力の統合については、量子論と素粒子の標準理論、宇宙については、アインシュタインの一般相対性理論とビッグバンモデルやインフレーション理論などが挙げられる。しかし、どの理論も同じ原理で全ての分野を説明できるものはない。

これらの現代物理理論をつなぎ合わせることで、万物理論を構築することができるのか？

現代物理学において支柱となる2つの理論である、アインシュタインの一般相対性理論と量子力学の間には明白な矛盾があり、両者の統合理論とされる重力についての量子論（量子重力理論）は成功していない。重力と量子論を統一する理論として最も期待されているのが超ひも理論であるが、M理論の形をとったものでも完成にはほど遠く、その方程式の根底にある基本原理はまだ明らかになっていない。現代物理理論に対する私の考えは、前章までにそれぞれの分野で述べてきたつもりであり、現代物理理論をつなぎ合わせても万物理論の構築は無理であろうというのが私の率直な意見である。

光電磁波について

RM理論は、現代物理理論の問題点を私なりに修正し、宇宙で起こっている出来事を現代物理理論とは別の、より合理的な解釈をすることにより構築したものである。現代物理理論のように、大きさのない点状粒子や1次元のひもからでは、多くが集まっても立体的な構造物をつくることがイメージできない。RM理論は、大きさを持つ球状のプラス電荷とマイナス電荷の2種類の粒子から万物がつくられているという、最も単純な原理が基本となる。そして、プラス粒子とマイナス粒子のペアであるプラマイ粒子が、宇宙で最も多く確認され、宇宙では特別な存在であり、私たちに最も馴染みのある光粒子である。この光粒子（プラマイ粒子）は回転（スピン）することによりエネルギーを持つが、そのエネルギー（E）は光量子論に従い、以下の式で得られる。

$E = h\nu$（h：プランク定数、ν：振動数）

現代物理理論では、光粒子はエネルギーを持つが質量はゼロとされている。これに対してRM理論では、光粒子（プラマイ粒子）は物質粒子のもとになる粒子であるとされており、特殊相対性理論の質量とエネルギーの関係式$E = mc^2$と上記の式から、$\nu = 1$の時の質量を求め、光粒子（プラマイ粒子）の静止質量（m）を規定している。

$m = h / c^2$（c：光速度）

時間と空間について

現代物理理論では時間と空間について、相対性理論と量子論との間でとらえかたに相違が見られ、統一的な概念が示されていない。そのため、様々な新理論も展開されている。RM理論では、特殊相対性理論の光速度不変の原理から、時間と空間は時空として統一された概念であり、光粒子（プラマイ粒子）により規定されるべきものであるという立場を支持する。すなわち、光粒子（プラマイ粒子）の振動数が時間を決め、一定時間に進む距離が空間の距離を決めるというものであり、原子時計による基準と同様の原理である。

素粒子について

RM理論では、プラス電荷の粒子は、プラス粒子にプラマイ粒子がくっついたもの、マイナス電荷の粒子はマイナス粒子にプラマイ粒子がくっついたものとする。現代物理理論で素粒子と呼ばれているものは、ほとんど全て複合粒子であると考えられるため、RM理論ではそれらの粒子をミクロ粒子と呼ぶ。素粒子の標準理論では、ミクロ粒子に質量を与えるために、時空はヒッグス粒子で埋め尽くされているとされている。RM理論では、質量はミクロ粒子に内在する特性であるべきという考えから、プラマイ粒子の質量を規定しており、ヒッグス粒子を必要としない。時空に最も多く存在するのはプラマイ粒子であり、物質粒子が動くときに抵抗となるのはプラマイ粒子である。プラマイ粒子の移動速度は光速度cであり、宇宙の最高速度がcを越えることができない所以である。しかし残念ながら、プラス電荷やマイナス電荷の粒子とプラマイ粒子が、どのくらい集まれば人間が感知できるレベルになるのかについては、現段階では示すことができない。また、プラマイ粒子の結合の仕方は自由度が高く、実際のミクロ粒子の構造についても現段階では示すことができない。RM理論に基づく実験データや観測データの収集と、コンピューターシミュレーションによる解析が必要であると考えられる。

力について

現代物理理論では、自然界には電磁気力、核力の強い力と弱い力、それに重力の4つの力が存在するとされている。素粒子の標準理論では、宇宙誕生後もともと一つに統一されていた力が、真空の相転移が起こるたびに、4つの力に枝分かれしていったと説明されている。また、それぞれの力が働くためには、力を担う粒子を交換する必要がある。電磁気力を媒介する光子のみは実在を確認されているが、その他の粒子に関しては理論上仮定された粒子であり、実在の確証や力を媒介しているという証拠は何もない。RM理論では、自然界に存在する力は、プラス粒子とマイナス粒子との間に働く引力と、プラス粒子同士、マイナス粒子同士の間に働く斥力の2種類だけであると規定する。現代物理理論が規定する電気力と同じものと考えてよい。RM理論では、ミクロ粒子であってもプラス粒子とマイナス粒子の複合体であるため、それ以外の力は、引力と斥力の複合的な力の現れであると解釈される。また、この引力と斥力は、粒子同士が直接接触しなくても働く力であり、力を担う粒子の介在は必要としない。ただし、時空に存在するプラマイ粒子（光子）にも同じ力が働いているので、力を介在する可能性について否定はせず、磁気力はプラマイ粒子（光子）のスピンにより媒介されるものと考えている。RM理論では、重力についても同じ力（引力と斥力）が複合的に働いていると解釈される。ミクロの世界では感知できない力であり、マクロの世界でも大きな質量を有する物体においてのみ感知できる力である。重力は、質量の大きな物体が時空の粒子に対して作用する力であり、時空の粒子を介して他の物体にも作用する。プラマイ粒子以外のミクロ粒子も、時空に存在する粒子は重力の作用を受けると考えられるが、グラビトンのような特異的に重力を媒介する粒子の存在について、否定はしないが必要とは考えていない。ただ、重力波の存在を量子論的に説明するには、電磁気力のエネルギーを伝搬する光子のように、重力エネルギーを伝搬する重力子の存在が必要になるかもしれない。ひも理論において、なぜ重力子が閉じたひもであるのかは説明が不十分なのでわからないが、RM理論でも閉じたリング状の粒子をつくることは可能なので、重力子として機能するかどうか検討することはできる。しかし、リング状の粒子の存在を証明するのは困難と考えられるので、理論上の仮定にしかならないかもしれない。

宇宙について

現代物理理論では、宇宙は何もない無の状態から現れ、真空のエネルギーにより指数関数的に急膨張し、高温、高密度のビッグバンと呼ばれる火の玉宇宙として誕生したとされている。RM理論では、プラマイ粒子が3次元（縦、横、高さ）方向に並んで積上げられた、超々巨大ブラックホールから誕生したと規定する。宇宙誕生前の超々巨大ブラックホールには、現在の宇宙に存在するものは全てかそれ以上のプラマイ粒子が集まっていたとすることで、質量・エネルギーの保存則と電荷の保存則を満たしていることになる。この宇宙の卵ともいえる超々巨大ブラックホールは、引力と斥力を背中合わせに内在しているため、何らかの衝撃が加わると分裂と爆発を起こして膨張する。RM理論では、こうして光子（プラマイ粒子）が動き出した時が、宇宙（時間と空間）の始まりであると規定する。しかし、なぜこのような構造物ができたかについては示すことはできない。

現代物理理論では、ビッグバン以後素粒子から物質粒子が形成され、重力により集合することにより星や銀河が形成され、その後宇宙の大規模構造もつくられていったと考えられている。しかし、銀河の中心に存在するとされる巨大ブラックホールがどのように誕生したのか、また、銀河や宇宙の大規模構造の形成に重要な役割を果たすと考えられているダークマターは何に由来するものなのかについては不明のままである。RM理論では、超々巨大ブラックホールが分裂と爆発を起こしながら膨張していることから、銀河の中心となる超巨大ブラックホールや、ダークマターと成り得る原初ブラックホールなどは、壊れずに残ったブラックホールであると規定する。つまり、宇宙はある程度の構造を保ちながら膨張し、星の形成や銀河の形成というような宇宙の進化が起こっていったのではないかと解釈される。

現代物理理論では、真空のエネルギーにより宇宙は膨張を続け、星もエネルギーを使い尽くして無くなり、暗黒の世界が訪れることを予測している。宇宙に存在する物質は、電磁波（光子）、ニュートリノ、電子、陽電子、そしてブラックホールだけになるが、さらにそのブラックホールもやがて蒸発してしまい、再び無の世界になるかもしれないという。RM理論では、真空のエネルギーが宇宙を膨張させる斥力として作用し続けることはなく、引力と斥力のバランスを保ったまま宇宙内部の進化の果て（宇宙の終末）が訪れると規定する。すなわち、現代物理理論が示すようなブラックホールの蒸発よりも、ブラックホールの融合が優先して起こり、星由来のブラックホールも含めて、ブラックホールの増加と増大が起こるというのが、宇宙の終末像であると解釈される。さらにRM理論は、ブラックホールの巨大化により、超巨大ブラックホール、超々巨大ブラックホールの形成が起こり、この超々巨大ブラックホールから、また次の宇宙が誕生するという永遠の宇宙を描くシナリオも提唱する。しかしこれは、私の希望的推測に基づくものであり根拠はない。

まとめ

RM理論は、光電磁波理論、時間空間理論、素粒子論、力の統合理論、宇宙論を、同じ原理のもとで説明する万物理論である。RM理論の詳しい説明や現代物理理論に対する私の見解については各章で述べてあるので、この章ではそれらをまとめるだけにとどめた。RM理論の原理は、単純でわかりやすく誰にでもイメージしやすいものである。完全でないところもあるが、それはこの理論が私の想像の産物ではなく、現代物理理論が解き明かしている宇宙の神秘を、私なりに解釈し直して構築したものだからである。現代物理理論がまだ十分に見せてくれていない世界については、RM理論も多くは語れないということである。本来、物理理論は実験的に検証されるべきものであるが、万物理論に関しては、それが不可能な領域も含まれることを理解すべきであろう。また、人間が観測できない世界も含まれ、理論の構築に神の視点が必要になる場合があることも理解すべきであろう。人間は五感、特に視覚を進化させ、そこから得た情報を脳で処理する能力を高めることにより、自然現象を正しく理解することができるようになった。これにより、人間中心主義的な思想も生まれ、人間が知覚していないものは存在しないかのような考え方も生まれた。しかし、人間が存在するよりはるか昔から宇宙は存在しており、人間が観測しなくても宇宙は存在しているのである。これは量子力学にも当てはまり、何かあるはずだが感知できないので無の世界であるという表現や、波のように広がっているものが観測により粒子として収縮するという表現は、人間中心主義的な考え方の現れであるとしか思えない。現代は、観測機器を進化させ、そこから得た情報をコンピューターで処理する能力を高める努力がなされている。しかし、それを解釈する人間の脳の進化が追いついていないというのが現状であり、いずれ人工知能（AI）に頼らなければならなくなるのではないかと危惧される。本来、物理理論は数学的に記述されるべきものであるかもしれないが、物理的イメージの伴っていないものは理解するのが難しい。AIが作り出した数式をコンピューターが処理して出した答えにより正しい結果を導くことができたとしても、どうしてそうなるのかを人間が理解できなければ意味がない。正しい理論に基づいた実験や観測、そして重要なのは、その結果に対する正しい解釈である。それには自然を正しく理解するための万物理論が必要であることは言うまでもなく、RM理論がその役割を担ってくれるものと信じている。

おわりに

RM理論が万物理論であることには疑問の余地はなく、また、RM理論がこれ以上ないと思われる単純な原理に基づいていることに関しても、十分価値のあるものであると私は考えている。しかし、RM理論が究極の理論と成り得るかどうかについては私にはわからない。万物理論は、宇宙の神秘を解き明かす理論として、万人が関心を持っていても不思議がない分野であると思われるが、一般人にとってはとっつきにくい分野であることは否めない。確かに、きれいな星空を眺めて宇宙を感じていることのほうが、見えない宇宙の果てや誰も知らない宇宙の始まりを模索することよりも興味深いことかもしれない。実際、私を含めて一般人が好奇心を持って宇宙の神秘を知りたいと思っても、わかりやすく書かれたとされる物理理論の本でもわかりにくいものが多いのが現実である。物理の本だから難しいのは当たり前と言われればそれまでだが、私がもともと物理が好きだったのは、単純な原理で物事の道理が理解できるからである。ニュートン力学を知れば、なぜ物が上から下に落ちてくるのか、なぜ電車が急に止まると体が進行方向に倒れそうになるのかなどが理解できるはずである。現代物理理論がわかりにくいのは、もとになる原理がはっきりしないまま、実験結果や観測データを説明するために理論が構築され、その理論の物理的イメージが不明のまま一般人に理解させようとしているからである。かつては、宇宙の成り立ちや宇宙の神秘については、宗教家や哲学者も多くを語っていたが、科学の進歩とともに科学への信頼性が増し、宇宙を語るのは物理学者の特権のようになっている。しかし、一般人であっても合理的でない理論に対しては、疑問点を指摘し説明を求めることは許されることであると考えている。たとえそれが専門家にとってばかげたことに思えたとしても、そこから新たな発見が得られるかもしれないのである。

私がRM理論の着想を得たのは、1980年代後半のことであり、相対論的量子論についての本を読んでいた頃であると記憶している。当時、クォーク理論やひも理論に関する本が書店に並んでいたが、単純であるべき素粒子の複雑さや、万物の根源をひもとするひも理論には違和感を覚え、私の直感はそうした理論を拒否していた。ひも理論が究極の理論であるかのようにもてはやされていたときも、私はあまり興味がわかなかった。それ以後何十年もの間、物理に関する本を読みながら、RM理論と照らし合わせて現代物理理論を見守ってきた。その間、実験や観測においては新しい発見もみられ、斬新なアイデアの理論も登場したが、万物理論に近づくような理論上の発展はみられていないというのが現状である。今回、RM理論をまとめるにあたり、ひも理論を含めRM理論と共有できる部分のある理論を見出すことができたのは、大きな収穫であったと考えている。しかし、現代物理理論を現状のまま発展させても、万物理論にはたどりつけないであろうと感じたのも事実である。そのため、ゆっくり時間をかけて現代物理理論とRM理論を見直すことができた。私はこれまで、どんな新しい実験結果や観測結果があればRM理論にとって不都合であるのか、または根拠と成り得るのかをずっと考えていた。RM理論は、これまでに積み重ねられてきた知見をもとに、それらを私なりに解釈することにより構築したつもりなので、反証を探すのは難しいはずである。一方、万物理論の性格上、人間では感知できない世界を描いていることも多い理論であるため、根拠を探すのも難しいと考えられる。

RM理論には不完全な部分も多く、数学的記述もなされていない。しかし、これ以上のことは私のやるべき範囲を越えており、できれば専門家の方々にお任せしたい。もちろん、RM理論に興味を持ってくれる人がいるかどうかはわからないが・・・。物理学の分野では素人である私が、現代物理理論に対して批判的な意見を多く述べてきた事に関して、専門家の方々から批判をあびるか無視されるかはわからない。しかし、現代物理理論に疑問を抱いている専門家の方も少なからずいるのではないかと思われ、私はその代弁者になったにすぎないと考えている。物理の専門領域に身をおく人が、主流である現代物理理論を批判すれば、その人の将来は閉ざされてしまうことだろう。物理学の分野で実績を残している人の言うことなら、耳を傾けてもらえるかもしれないが、実績のない若者ではそうはいかない。ましてや、ノーベル賞まで受賞した理論に、合理的でない理論だと疑問を投げかけることができるのは、私のような人間しかいないだろうと確信している。自由な発想で物事を考え、現状の問題点を正していける環境でなければ、固定観念の呪縛からのがれることはできず、科学の進歩は期待できなくなる。万物理論は、物理学者だけのものではなく、万人に理解され共有されるべきものである。私も科学者の一人として、現代物理理論の世界が暗中模索の袋小路状態から抜け出せることを期待する。そしてそのために、RM理論が宇宙の神秘を解き明かすための手引き書になれることを願っている。

追記

「万物に両極あり」

「万物は分裂と融合を繰り返す」

これらは、RM理論から得られる知見であり、私たちが実際に目にする万物のあり方に共通するものであると言えるのではないだろうか。

参考文献

1）量子力学の世界
片山泰久　著、講談社（ブルーバックス）、1985（初版1967）
2）素粒子論の世界
片山泰久　著、講談社（ブルーバックス）、1986（初版1971）
3）光とはなにか
ファン・ヒール　フェルツェル　著、和田昭允　計良辰彦　訳、
講談社（ブルーバックス）、1993（初版1972）
4）相対論的量子論
中西襄　著、講談社（ブルーバックス）、1981
5）クォーク
南部陽一郎　著、講談社（ブルーバックス）、1985（初版1981）
6）誰が宇宙を創ったか
ロバート・ジャストロウ　著、趙慶哲　訳、
講談社（ブルーバックス）、1991（初版1986）
7）アインシュタインを越える
M・カク　J・トレイナー　著、久志本克己　訳、広瀬立成　監修
講談社（ブルーバックス）、1988
8）宇宙のはてを見る
磯部琇三　著、講談社（ブルーバックス）、1989（初版1988）
9）時間・空間の誕生
町田茂　著、大月書店（科学全書）、1990
10）ホーキング、宇宙を語る
スティーヴン・W・ホーキング　著、林一　訳、
早川書房、1990（初版1989）
11）宇宙の起源

マルコム・S・ロンゲア　著、柳瀬尚紀　訳、河出書房新社、1991

12）ビッグバン理論からインフレーション宇宙へ
佐藤勝彦　木幡たけお　著、徳間書店、1991

13）クォーク　第2版
南部陽一郎　著、講談社（ブルーバックス）、2018（初版1998）

14）図解雑学　物理のしくみ
井田屋文夫　著、ナツメ社、1998

15）光と電気のからくり
山田克哉　著、講談社（ブルーバックス）、2019（初版1999）

16）図解雑学　ビッグバン
前田恵一　監修、ナツメ社、1999

17）図解雑学　素粒子
二間瀬敏史　著、ナツメ社、2000

18）Newton別冊　時間の謎
竹内均　編、ニュートンプレス社、2001

19）図解雑学　電磁波
二間瀬敏史　麻生修　著、ナツメ社、2001

20）Newton別冊 相対性理論
竹内均　編、ニュートンプレス社、2001

21）ホーキング、未来を語る
スティーヴン・ホーキング　著、佐藤勝彦　訳、
角川書店、2002（初版2001）

22）エレガントな宇宙
ブライアン・グリーン　著、林一　林大　訳、
草思社、2002（初版2001）

23）忘れてしまった 高校の物理を復習する本
為近和彦　著、中経出版、2006（初版2002）

24）図解雑学　時間論
二間瀬敏史　著、ナツメ社、2002

25) 現代物理の世界がわかる
和田純夫　著、ベレ出版、2002
26) 無の科学
K・C・コール　著、大貫昌子　訳、白揚社、2004（初版2002）
27) 図解　相対性理論がみるみるわかる本
佐藤勝彦　監修、PHP研究所、2005（初版2003）
28) 図解　膜宇宙論
桜井邦朋　著、PHP研究所、2003
29) 宇宙96％の謎
佐藤勝彦　著、実業之日本社、2004（初版2003）
30) 光速より速い光
ジョアオ・マゲイジョ　著、青木薫　訳、日本放送出版協会、2003
31) 図解　量子論がみるみるわかる本
佐藤勝彦　監修、PHP研究所、2004
32) Newton 別冊　宇宙創造と惑星の誕生
竹内均　編、ニュートンプレス社、2005（初版2004）
33) アインシュタインの遺産
バリー・パーカー　著、井川俊彦　訳、共立出版社、2004
34) 相対性理論の一世紀
広瀬立成　著、新潮社、2005
35) 万物理論への道
ダン・フォーク　著、松浦俊輔　訳、青土社、2005
36) ホーキング、宇宙のすべてを語る
スティーヴン・ホーキング　レナード・ムロディナウ　著、
佐藤勝彦　訳、ランダムハウス講談社、2005
37) よくわかる最新時間論の基本としくみ
竹内薫　著、秀和システム、2006
38) はじめて読む 物理学の歴史
安孫子誠也・他　著、ベレ出版、2007

39）ホーキング 宇宙の始まりと終わり
スティーヴン・W・ホーキング　著、向井国昭　監訳、
倉田真木　訳、青志社、2008
40）重力の再発見
ジョン・W・モファット　著、水谷淳　訳、早川書房、2009
41）物質のすべては光
フランク・ウィルチェック　著、吉田三知世　訳、早川書房、2009
42）図解雑学　よくわかるヒッグス粒子
広瀬立成　著、ナツメ社、2013（初版2012）
43）宇宙が始まる前には何があったのか
ローレンス・クラウス　著、青木薫　訳、
文藝春秋社、2014（初版2013）
44）Newton 別冊　宇宙、無からの創生
水谷仁　編、ニュートンプレス社、2014
45）宇宙の始まりと終わりはなぜ同じなのか
ロジャー・ペンローズ　著、竹内薫　訳、新潮社、2020（初版2014）
46）物理・化学の法則・原理・公式がまとめてわかる事典
涌井貞美　著、ベレ出版、2018（初版2015）
47）重力波とはなにか
安東正樹　著、講談社（ブルーバックス）、2016
48）すごい物理学講義
カルロ・ロヴェッリ　著、竹内薫　監訳、栗原俊秀　訳、
河出書房、2017
49）時空のからくり
山田克哉　著、講談社（ブルーバックス）、2019（初版2017）
50）時間とはなんだろう
松浦壮　著、講談社（ブルーバックス）、2017
51）$E = mc^2$のからくり
山田克哉　著、講談社（ブルーバックス）、2018

52）僕たちは、宇宙のことがぜんぜんわからない
ジョージ・チャム　ダニエル・ホワイトソン　著、水谷淳　訳、ダイヤモンド社、2020（初版2018）
53）量子論のすべてがわかる本
科学雑学研究倶楽部　編、ワン・パブリッシング社、2020
54）ニュートリノと重力波のことが一冊でまるごとわかる
群和範　著、ベレ出版、2021
55）Newton 別冊　超ひも理論と宇宙のすべてを支配する方程式
木村直之　編、ニュートンプレス社、2021
56）相対性理論のすべてがわかる本
科学雑学研究倶楽部　編、ワン・パブリッシング社、2021
57）宇宙の終わりに何が起こるのか
ケイティ・マック　著、吉田三知世　訳、講談社、2021
58）物理のすべてがわかる本
科学雑学研究倶楽部　編、ワン・パブリッシング社、2021
59）神の方程式　万物の理論を求めて
ミチオ・カク　著、斎藤隆央　訳、NHK出版、2022
60）Newton 別冊　無とは何か
木村直之　編、ニュートンプレス社、2022

著者紹介

松田 力哉（まつだ りきや）
医学博士。
1955年、アインシュタインが亡くなった年、岡山県倉敷市に生まれる。
1974年、京都教育大学付属高校を卒業、岡山大学医学部に入学。高校時代の得意科目は物理学であったが、1980年、大学卒業後は麻酔科医として病院勤務、医学を専門とし、物理学からは遠ざかっていた。
1985年から3年間の研究生活で博士号を取得。その頃から一般人向けに書かれた物理理論の本を読むようになり、病院勤務を続けながら、現代物理理論が教えてくれない宇宙の神秘を考察するようになる。
2018年からフリーランスの麻酔科医となり、ライフワークである独自の物理理論を本にまとめるための生活に入り、現在に至る。
香川県高松市在住
趣味：ゴルフ、囲碁・将棋、カラオケ

RM理論
万人にわかる万物理論

2023年8月26日　初版第1刷発行

著　者　松田力哉
発行者　谷村勇輔
発行所　ブイツーソリューション
〒466-0848 名古屋市昭和区長戸町4-40
TEL：052-799-7391 / FAX：052-799-7984
発売元　星雲社（共同出版社・流通責任出版社）
〒112-0005 東京都文京区水道1-3-30
TEL：03-3868-3275 / FAX：03-3868-6588
印刷所　モリモト印刷

万一、落丁乱丁のある場合は送料当社負担でお取替えいたします。
ブイツーソリューション宛にお送りください。

ISBN978-4-434-32427-7